After Effects 2022影视特效标准教程（微课版）(全彩版)

本书精彩案例欣赏

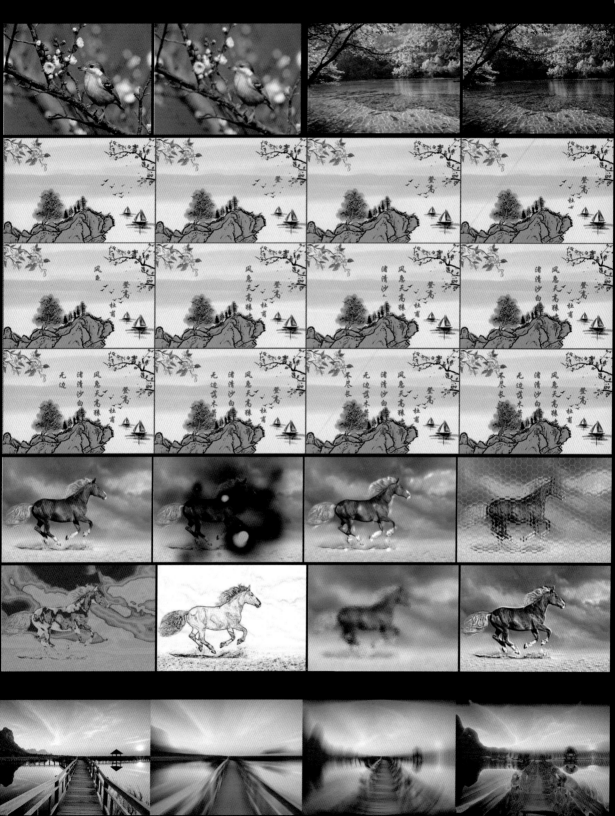

本书精彩案例欣赏

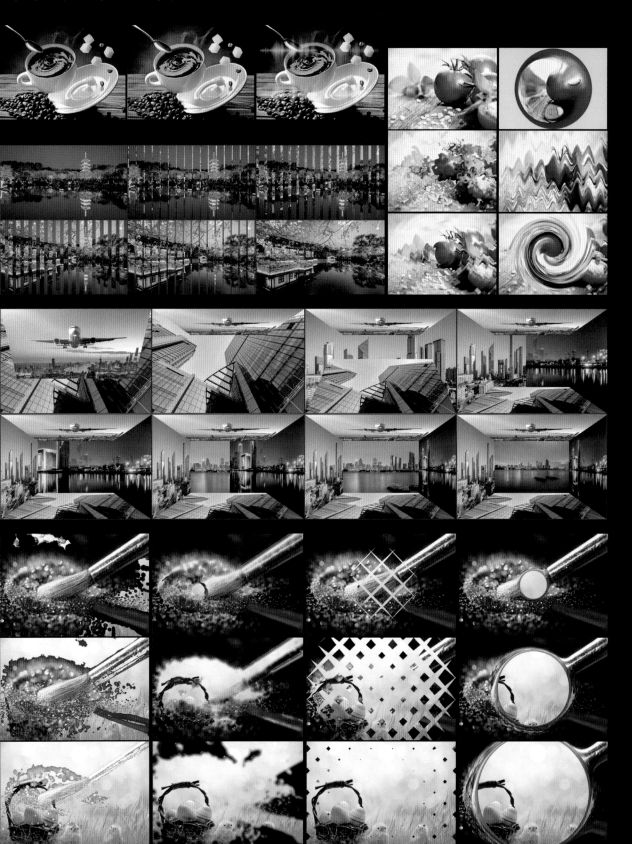

贺启金 张雪 霍志龙 编著

After Effects 2022
影视特效标准教程（微课版）（全彩版）

内 容 简 介

After Effects 是 Adobe 公司推出的一款用于影视后期制作合成的专业软件，是影视后期制作爱好者和专业人员必不可少的工具。本书由浅入深、循序渐进地讲解了 After Effects 2022 在影视后期制作合成方面的主要功能和应用技巧。全书共分 15 章，分别介绍影视后期制作合成的概念以及 After Effects 的应用领域和相关概念，After Effects 的基本操作，项目与合成，图层详解与应用，关键帧动画，蒙版与形状，文本与文本动画，特效的基本操作，常用特效，视频过渡，视频调色技术，粒子与光影特效，视频抠像与跟踪，音频的添加与编辑，以及渲染与输出等内容。除第 1 章和第 15 章外，其他各章都安排了相关实例，以便读者对 After Effects 操作方法的掌握与应用。本书内容丰富、结构合理、思路清晰、语言简洁流畅、实例丰富，讲解由浅入深，书中的所有实例配有教学视频，让学习变得更加轻松、方便。

本书适合用作高等院校广播电视类专业、影视艺术类专业和数字传媒类专业相关课程的教材，也适合用作影视后期制作人员的自学参考书。

本书对应的电子课件、习题答案和实例源文件可到 http://www.tupwk.com.cn/downpage 网站下载，也可通过扫描前言中的二维码获取。扫描前言中的"看视频"二维码可以直接观看微课版教学视频。

图书在版编目(CIP)数据

After Effects 2022影视特效标准教程：微课版：全彩版 / 贺启金，张雪，霍志龙编著. —北京：清华大学出版社，2023.7

ISBN 978-7-302-64184-1

Ⅰ.①A… Ⅱ.①贺… ②张… ③霍… Ⅲ.①图像处理软件—教材 Ⅳ.①TP391.413

中国国家版本馆CIP数据核字(2023)第132869号

责任编辑：胡辰浩
封面设计：高娟妮
版式设计：妙思品位
责任校对：成凤进
责任印制：宋　林

出版发行：清华大学出版社
　　　网　　　址：http://www.tup.com.cn，http://www.wqbook.com
　　　地　　　址：北京清华大学学研大厦A座　　　　邮　编：100084
　　　社 总 机：010-83470000　　　　　　　　　　邮　购：010-62786544
　　　投稿与读者服务：010-62776969，c-service@tup.tsinghua.edu.cn
　　　质 量 反 馈：010-62772015，zhiliang@tup.tsinghua.edu.cn
印 装 者：三河市君旺印务有限公司
经　　销：全国新华书店
开　　本：203mm×260mm　　　印　张：17　　　插　页：2　　　字　数：513千字
版　　次：2023年8月第1版　　　印　次：2023年8月第1次印刷
定　　价：98.00元

产品编号：085995-01

Preface 前言

After Effects 是 Adobe 公司推出的专业化影视后期制作合成软件，具有强大的影视特效制作功能，目前正广泛应用于动画设计、特效制作、视频编辑及视频制作等诸多领域。近年来，随着数字媒体的日益盛行，视频类的作品被应用于各个领域，方便地制作、处理动画和视频特效成为人们的迫切需求。

本书主要面向 After Effects 的初中级读者，从影视后期制作初中级读者的角度出发，结合丰富实用的练习和实例，由浅入深地讲解 After Effects 在影视后期制作领域中的应用，让读者可以在最短的时间内学习到最实用的知识，轻松掌握 After Effects 在影视后期制作专业领域中的应用方法和技巧。

本书共 15 章，主要内容如下。

第 1、2 章介绍影视后期制作合成的相关概念以及 After Effects 的应用领域和基本操作。

第 3、4 章介绍 After Effects 的项目与合成、图层的功能与应用。

第 5～7 章介绍关键帧动画、蒙版与形状、文本与文本动画。

第 8～13 章介绍特效的具体应用，包括特效的基本操作、常用特效、视频过渡、视频调色技术、粒子与光影特效、视频抠像与跟踪等内容。

第 14 章介绍音频的基础知识以及音频的添加与编辑操作。

第 15 章介绍 After Effects 项目的渲染设置与输出操作。

本书图文并茂、内容丰富、条理清晰、通俗易懂，在讲解每个知识点时都配有相应的实例，方便读者上机实践，同时针对难以理解和掌握的内容给出相关提示，让读者能够快速地提高操作技能。此外，本书配有大量综合实例和练习，让读者在不断的实际操作中更加牢固地掌握书中讲解的内容。

本书适合以下读者学习使用。

(1) 从事影视后期制作的工作人员。

(2) 对影视后期制作感兴趣的业余爱好者。

(3) 计算机培训班里学习影视后期制作的学员。

(4) 高等院校相关专业的学生。

本书合理安排知识内容，从零开始、由浅入深、循序渐进地讲解 After Effects 的主要功能和应用技巧。我们真切希望读者在阅读本书之后，不仅能拓宽视野、提升实践操作技能，而且能总结操作的经验和规律，达到灵活运用的水平。

本书由哈尔滨广厦学院的贺启金和张雪、黑龙江外国语学院的霍志龙编著，其中贺启金编写第 2、3、

6、9、13、15 章，张雪编写第 1、8、10、11、12 章，霍志龙编写 4、5、7、14 章。

在本书的编写过程中参考了相关文献，在此向这些文献的作者深表感谢。

由于作者水平有限，书中难免有不足之处，恳请专家和广大读者批评指正。我们的电话是 010-62796045，邮箱是 992116@qq.com。

本书配套的电子课件、习题答案和实例源文件可以到 http://www.tupwk.com.cn/downpage 网站下载，也可以扫描下方的二维码获取。扫码下方的"看视频"二维码可以直接观看教学视频。

扫描下载

配套资源

扫一扫

看视频

作　者

2023 年 5 月

Contents **目录**

第1章 影视后期制作基础

　　随着数字电视、数字电影的推广，影视业市场越来越热，而数字影视制作人才和新媒体人才也越来越受到行业内的重视，影视后期制作这一专业和职业，也走进了大众的舞台，同时需要大量的数字影视制作人员。本章将针对影视后期制作的基础知识进行介绍，帮助读者对影视后期制作的相关知识有一个全面的认识和了解。

本章学习目标

理解影视后期制作的概念　　　　　　　　掌握影视制作的基本概念
了解 After Effects 在影视后期制作中的应用　　掌握影视制作的基本流程

1.1 影视后期制作概述

　　影视后期制作是指在拍摄好影片后，根据脚本需要，将现实中无法拍摄的景象通过影视后期合成软件将虚拟的效果与拍摄的现实的场景结合起来，来实现特殊的效果。简单来说，即对拍摄之后的影片或软件所做的动画，进行后期的效果处理，比如影片的剪辑、动画特效、文字包装等。而 After Effects 就是影视后期合成软件中的佼佼者。

　　随着影视合成制作的快速发展，给人们带来了一场视听盛宴，它是用一种从未使用过的表现方式，来更好地给观众带来视觉上的冲击和思维上的感观，从而直击观众的内心。在影视后期制作技术的促成下，将非现实的未来场景和事物尽情地展现出来，带给观众视觉的享受。

　　影视后期制作给想要呈现出奇幻的影视作品的人们提供了有力的技术支持，如今的好莱坞影片中就大量地运用了这一后期制作合成技术，其最重要的是数字特效。正是因为现在有了这种后期技术与艺术感观的相互结合，使得一部又一部精彩的影片深入人心。因此，影视后期合成制作正在逐渐地影响我们的生活。

1.2 影视后期制作常用软件

　　影视后期制作往往需要用到多款软件，如 After Effects、Premiere、Photoshop 和《会声会影》等。通过多款软件的综合使用，可以制作出效果更为绚丽的视频。

1. After Effects

　　After Effects 是一款非线性特效制作视频软件，主要用于影视特效、栏目包装、动态图形设计等方面。After Effects 可以帮助用户创建动态图形和精彩的视觉效果，和三维软件结合使用，可以使作品效果更炫、更酷。

　　After Effects 保留着 Adobe 软件优秀的兼容性。After Effects 可以非常方便地调用 Photoshop 和 Illustrator 的层文件；Premiere 的项目文件也可以几乎完美地再现于 After Effects 中；After Effects 还可以调用 Premiere 的 EDL 文件。

2. Premiere

　　Premiere Pro 是一款非线性音视频编辑软件，主要用于剪辑视频，同时包括调色、字幕、简单特效制作、简单的音频处理等常用功能。它与 Adobe 公司的其他软件兼容性较好，通常与 After Effects 配合使用。

3. Photoshop

　　Photoshop 软件是一款专业的图像处理软件。该软件主要处理由像素构成的数字图像，在影视后期制作中，可以与 After Effects、Premiere 软件协同工作，满足日益复杂的视频制作需求。

4. 会声会影

　　《会声会影》是一款功能强大的视频编辑软件，具有图像抓取和编修功能，可以抓取和转换 MV、

DV、V8、TV 以及实时记录抓取画面文件。该软件操作简单，适合家庭日常使用，相对于 Premiere、After Effects 等视频处理软件，在专业性上略显不足。

1.3　After Effects 在影视后期制作中的应用

　　After Effects 是专业非线性特效合成软件，是 Adobe 公司开发的一款视频剪辑及设计软件，属于层类型（即通过各层进行编辑）后期软件，它是制作动态影像设计不可或缺的辅助工具和视频后期合成处理的专业非线性编辑软件。

1.3.1　After Effects 的特点

　　After Effects 是一款优秀的影视后期合成制作软件，尤其在特效制作方面更为突出。与 Premiere 不同的是，After Effects 是视频合成软件，而不是视频剪辑软件，因而不适合长时间的影片制作，而是对影片制作特技效果，需要处理的部分通常只是影片中的一个小片段，如 10 秒、5 秒，甚至更短。

　　After Effects 软件可以帮助用户高效且精确地创建无数种引人注目的动态图形和震撼人心的视觉效果。利用与其他 Adobe 软件无与伦比的紧密集成和高度灵活的 2D 和 3D 合成，以及丰富多彩的视觉效果，为电影、视频、DVD 和 Macromedia Flash 作品增添令人耳目一新的效果。After Effects 在影像合成、动画、视觉效果、非线性编辑、设计动画样稿、多媒体和网页动画方面都有其发挥余地。与主流 3D 软件，如 Softimage XSI、Maya、Cinema 4D、3ds Max 等，也可良好结合。

1.3.2　After Effects 的主要功能

　　After Effects 作为一款优秀的影视后期合成制作软件，主要包括如下功能。
　　(1) 创建新图层。操作新图层，利用图层之间的相互关联来获得动画。
　　(2) 创建关键帧动画。对已有层的各项属性进行动画操作，如大小、位置、中心点等。
　　(3) 创建 3D 空间。由于 After Effects 拥有自建含 3D 空间的功能，因此 After Effects 可以在一定程度上创建 3D 视觉效果。

1.3.3　After Effects 的应用领域

　　After Effects 软件集合了众多非线性编辑软件的功能，能达到用户想要的视觉效果，其应用领域广泛，主要包括以下几方面。

1. 影视动画

　　影视动画涉及影视特效、后期合成制作、特效动画等。随着影视领域的延展和后期制作软件的增多，数字化影像技术改变了传统影视制作的单一性，弥补了传统拍摄中视觉上的不足。
　　影视后期特效在影视动画领域中运用得比较普遍。目前一些二维或三维的动画制作都需要加进去一些影视后期特效，它们的加入可以对动画场景的渲染与环境气氛起作用，从而增强影视动画的视觉表现力和提高整个影视动画的品质。影视动画例图如图 1-1 所示。

图 1-1　影视动画例图

2. 电影特效

随着科学技术的进步，特效在目前的电影制作中应用得越来越广泛，从开始，其中的特效思想就已经有所体现，电影特效从根本上改变了传统的制作方式。在编写剧本时，整个框架就已经让编剧打破了传统的思维模式，改变了局限的概念，实现时空般的转变，充分发挥其想象力，创造自己的特效剧本。

在现代化的今天，特效的广泛使用让越来越多的高效创作影视作品出现。前期拍摄，除了现实的场景，还有很多分镜头，比如蓝幕的摄影环境、模型搭建、多样的灯光表现等。为了满足后期制作的要求，在蓝幕的环境下，无场景、无实物的表演，也是在考验演员，这种环境下，靠的是演员的想象力与表现力，要把表演的动作、展现的情绪与要合成的场景画面结合起来，然后加上后期所需素材或特效。这种高效创作的电影特效方法替代了传统的电影制作手法。随着影视后期软件的增多，人们对影视后期制作的了解更深刻。电影特效例图如图 1-2 所示。

图 1-2　电影特效例图

3. 企业宣传片

随着数字化时代的来临，一些企业也慢慢适应这个科技化的社会，随着电子产品与网络的普及，让越来越多的人享受在家就能了解一切事物的便利，企业宣传从最初的用文字和发放宣传页的方式转变为现在数字化的、通俗易懂的宣传片，这一改变给人带来了视觉冲击。现在，各个企业都在制作属于自己特色的宣传片，力求把企业自身的文化特点都概括到宣传片里面。如今，企业宣传片的形式多种多样，不仅有故事性的叙述方法，还有想象力的创意表现等。在制作企业宣传片时，影视后期的作用使宣传片的创新形式与特效表现给人们眼前一亮的感觉，还会让观看者有深刻的印象。企业宣传片例图如图 1-3 所示。

图 1-3　企业宣传片例图

4. 电视包装

电视包装，简单来说就像其他产品的包装一样，为的是让观看者在视觉上深刻认识和了解电视产品。确切来说，电视包装就是一个地区电视品牌的形象标识设计和策划，其中包括品牌的建设营销策划与视觉上的形象设计等方面，从一个小的电视栏目的品牌到一个大的地区电视的频道品牌，甚至是电视所属传媒公司的整体品牌形象，都是需要用电视包装来解决的。

关于电视包装，目前是各个电视节目公司和一些广告公司最常用的一种概念。事实上，包装就像借来的词一样，传统的包装方式是对产品包装，而现在运用到电视上，那是因为产品包装和电视包装有相同之处。电视包装的意义在于把电视频道的整体品牌形象用一种外在的包装形式体现电视频道的规范性，也能突出自身特色的文化与特点。

电视包装是自身的发展需要，是每个栏目、电视频道更规范、更成熟、更稳定的标志。现如今，由于观众有主动的栏目选择权，也会盲目地不知如何选择，从而有了各个电视栏目竞争的激烈，在这种紧张的状态下，电视包装的作用是众所周知的。如同重要产品的包装与广告的普及推广都是商家们为了盈利所采取的策略，而电视栏目、电视频道的包装与商家推广商品的做法不言自明。电视包装例图如图1-4所示。

图 1-4　电视包装例图

1.4　影视制作的基本概念

用户在使用 After Effects 对素材进行特效编辑处理之前，还需要掌握一系列的其他概念及专业术语，如帧、帧速率、视频文件格式、音频文件格式等。

1.4.1　专业术语

在影视制作的过程中，经常会遇到合成图像、帧、帧速率、场、像素等术语，因此，用户在学习影视制作前，首先需要了解一下影视制作的专业术语。

1. 合成图像

合成图像是 After Effects 中一个相对重要的概念和专业术语。要想在新项目中进行编辑和视频特效制作，需要新建一幅图像，在图像窗口中，可对素材进行任何特效编辑处理。而合成图像要与时间轴对应在一起，以图层为操作基础，可以包含多个任意图层。After Effects 可以同时运行多个合成图像，但每个合成图像又是一个个体，也可作嵌套使用。

2. 帧

帧是传统影视动画中最小的信息单元，即影像画面。它相当于一个镜头，一帧就是一幅画面，而我们在影视动画中看到的连续的动态画面，就是由一张张图片组成的，而这一张张图片就是帧。

3. 帧速率

帧速率是当播放视频时每秒所渲染的帧数。对影视作品而言，帧速率是 24 帧 / 秒，帧速率是指每一秒所显示的静止帧的个数。当捕捉动态的视频内容时，帧速率数值越高越好。

4. 关键帧

关键帧是动画编辑和特效制作的核心技术，相当于二维动画中的原画，指物体之间运动变化的动作所处的一帧。关键帧与关键帧之间的动画可以靠软件来实现，它主要记录动画或特效的参数特征。

5. 场

场是影视系统中的另一个概念，是通过以隔行扫描的方式来完成保存帧的内容和显示图像的，它按照水平的方向分成多行，两次扫描交替地显示奇偶行。也就是说，每扫描一次就会成为一场，两场扫描得到的就是一帧画面。

6. 像素

像素是图像编辑中的基本单位。像素是一个个有色方块，图像由许多像素以行和列的方式排列而成。文件包含的像素越多，其所含的信息也越多，所以文件越大，图像品质也就越好。

7. 分辨率

分辨率是指单位面积内图像所包含像素的数目，通常用像素 / 英寸和像素 / 厘米表示。分辨率的高低直接影响图像的效果，使用太低的分辨率会导致图像粗糙，视频效果会变得非常模糊，而使用较高的分辨率则会增加文件的大小。图 1-5 和图 1-6 所示是在不同分辨率下显示的图像效果。

图 1-5　分辨率为 300 像素 / 英寸的图像效果　图 1-6　分辨率为 50 像素 / 英寸的图像效果

1.4.2　常见的视频文件格式

目前对视频压缩编码的方法有很多，应用的视频格式也就有很多种，其中最有代表性的就是 MPEG 数字视频格式和 AVI 数字视频格式。下面介绍几种常用的视频存储格式。

1. AVI(Audio Video Interleave) 格式

这是一种专门为微软 Windows 环境设计的数字视频文件格式，这种视频格式的好处是兼容性好、调用方便、图像质量好，缺点是占用空间大。

2. MPEG(Motion Picture Experts Group) 格式

该格式包括 MPEG-1、MPEG-2、MPEG-4。MPEG-1 被广泛应用于 VCD 的制作和网络上一些供下载的视频片段，使用 MPEG-1 的压缩算法可以把一部 120 分钟长的非视频文件的电影压缩到 1.2GB 左右。MPEG-2 则应用在 DVD 的制作方面，同时在一些 HDTV(高清晰电视广播) 和一些高要求视频的编辑和处理上也有一定的应用空间；相对于 MPEG-1 的压缩算法，MPEG-2 可以制作出在画质等方面性能远远超过 MPEG-1 的视频文件，但是容量也不小，在 4GB 和 8GB 之间。MPEG-4 是一种新的压缩算法，可以将用 MPEG-1 压缩成 1.2GB 的文件压缩到 300MB 左右，供网络播放。

3. ASF(Advanced Streaming Format) 格式

这是 Microsoft 为了和现在的 Real Player 竞争而发展出来的一种可以直接在网上观看视频节目的流媒体文件压缩格式，即一边下载一边播放，不用存储到本地硬盘上。

4. nAVI(newAVI) 格式

这是一种新的视频格式，由 ASF 的压缩算法修改而来，它拥有比 ASF 更高的帧速率，但是以牺牲 ASF 的视频流特性作为代价。也就是说，它是非网络版本的 ASF。

5. DIVX 格式

该格式的视频编码技术可以说是一种对 DVD 造成威胁的新生视频压缩格式。由于它使用的是 MPEG-4 压缩算法，因此可以在对文件尺寸进行高度压缩的同时，保留非常清晰的图像质量。

6. QuickTime(MOV) 格式

该格式是苹果公司创立的一种视频格式，在图像质量和文件尺寸的处理方面具有很好的平衡性。

7. Real Video(RA、RAM) 格式

该格式主要定位于视频流应用方面，是视频流技术的创始者，可以在 56kb/s 调制解调器的拨号上网条件下实现不间断的视频播放，因此必须通过损耗图像质量的方式来控制文件的大小，图像质量通常很低。

1.4.3 常见的音频文件格式

音频是指一个用来表示声音强弱的数据序列，由模拟声音经采样、量化和编码后得到。不同的数字音频设备一般对应不同的音频格式文件。音频的常见格式有 WAV、MP3、MP4、MIDI、WMA、VQF、Real Audio 等。下面介绍几种常见的音频格式。

1. WAV 格式

WAV 格式是微软公司开发的一种声音文件格式，也叫波形声音文件，是最早的数字音频格式，Windows 平台及其应用程序都支持这种格式。这种格式支持 MSADPCM、CCITT A-Law 等多种压缩算法，并支持多种音频位数、采样频率和声道。标准的 WAV 文件和 CD 格式一样，也是 44100Hz 的采样频率，速率为 88kb/s，16 位量化位数，因此 WAV 的音质和 CD 差不多，也是目前广为流行的声音文件格式。

2. MP3 格式

MP3 的全称为"MPEG Audio Layer-3"。Layer-3 是 Layer-1、Layer-2 以后的升级版产品。与其前身相比，

Layer-3 具有最好的压缩率,并被命名为 MP3,其应用最为广泛。

3. AIFF 格式

该格式是一种以文件格式存储的数字音频 (波形) 的数据,AIFF 应用于个人计算机及其他电子音响设备以存储音乐数据。

4. MP3 Pro 格式

MP3 Pro 格式由瑞典 Coding 科技公司开发,其中包含两大技术:一是来自 Coding 科技公司所特有的解码技术;二是由 MP3 的专利持有者——法国汤姆森多媒体公司和德国 Fraunhofer 集成电路协会共同研究的一项译码技术。

5. MP4 格式

MP4 是采用美国电话电报公司 (AT&T) 所开发的以"知觉编码"为关键技术的音乐压缩技术,由美国网络技术公司 (GMO) 及 RIAA 联合公布的一种新的音乐格式。MP4 在文件中采用了保护版权的编码技术,只有特定用户才可以播放,这有效地保证了音乐版权。另外 MP4 的压缩比达到 1 ∶ 15,体积比 MP3 更小,音质却没有下降。

6. MIDI 格式

MIDI(Musical Instrument Digital Interlace) 又称乐器数字接口,是数字音乐电子合成乐器的国际统一标准。它定义了计算机音乐程序、数字合成器及其他电子设备之间交换音乐信号的方式,规定了不同厂家的电子乐器与计算机连接的电缆、硬件及设备的数据传输协议,可以模拟多种乐器的声音。

7. WMA 格式

WMA(Windows Media Audio) 是微软公司开发的用于 Internet 音频领域的一种音频格式。WMA 格式的音质要强于 MP3 格式,更远胜于 RA 格式。WMA 的压缩比一般可以达到 1 ∶ 18,WMA 还支持音频流技术,适合网上在线播放。

8. VQF 格式

VQF 格式是由 YAMAHA 和 NTT 共同开发的一种音频压缩技术,它的核心是通过减少数据流量但保持音质的方法来达到更高的压缩比,压缩比可达到 1 ∶ 18,因此相同情况下压缩后的 VQF 文件的体积比 MP3 的要小 30%~50%,更利于网上传播,同时音质极佳,接近 CD 音质 (16 位 44.1kHz 立体声)。

9. Real Audio 格式

Real Audio 是由 Real Networks 公司推出的一种文件格式,其最大的特点就是可以实时传输音频信息,现在主要用于网上在线音乐欣赏。

1.5 常用的编码解码器

在生成预演文件及最终节目影片时,需要选择一种合适的针对视频和音频的编码解码器程序。当在计算机显示器上预演或播放时,一般都使用软件压缩方式;而当在电视机上预演或播放时,则需要使用硬件压缩方式。

在正确安装各种常用的音视频解码器后，在 After Effects 中才能导入相应的素材文件，以及将项目文件输出为相应的影片格式。

1.5.1 常用的视频编码解码器

在影片制作中，常用的视频编码解码器包括如下几种。

1. Indeo Video 5.10

该视频编码解码器采用一种常用于在 Internet 上发布视频文件的压缩方式。这种编码解码器具有如下优点：能够快速压缩所指定的视频，而且该编码解码器还采用了逐步下载方式，以适应不同的网络速度。

2. Microsoft RLE

该视频编码解码器用于压缩包含大量平缓变化颜色区域的帧。它使用空间的 89 位全长编码 (RLE) 压缩器，在质量参数被设置为 100% 时，几乎没有质量损失。

3. Microsoft Video1

该视频编码解码器是一种有损的空间压缩的编码解码器，支持深度为 8 位或 16 位的图像，主要用于压缩模拟视频。

4. Intel Indeo(R) Video R3.2

该视频编码解码器用于压缩从 CD-ROM 导入的 24 位视频文件。同 Microsoft Video1 编码解码器相比，其优点在于包含较高的压缩比、较好的图像质量以及较快的播入速度。对于未使用有损压缩的源数据，应用 Indeo Video 编码解码器可获得最佳的效果。

5. Cinepak Codec by Radius

该视频编码解码器用于从 CD-ROM 导入或从网络下载的 24 位视频文件。同 Video 编码解码器相比，它具有较高的压缩比和较快的播入速度，并可设置播入数据率，但当数据率低于 30kb/s 时，图像质量明显下降。它是一种高度不对称的编码解码器，即解压缩要比压缩快得多。最好在输出最终版本的节目文件时使用这种编码解码器。

6. DiveX:MPEG-4Fast-Motion 和 DiveX:MPEG-4Low-Motion

当系统安装 MPEG-4 的视频插件后，就会出现这两种视频编码解码器，用来输出 MPEG-4 格式的视频文件。MPEG-4 格式的图像质量接近于 DVD，声音质量接近于 CD，而且具有相当高的压缩比，因此该解码器是一种非常出色的视频编码解码器，从而能够在多媒体领域迅速壮大起来。MPEG-4 主要应用于视频电话 (Video Phone)、视频电子邮件 (Video E-mail) 和电子新闻 (Electronic News) 等，其传输速率要求在 4800~6400b/s，分辨率为 176×144 像素。MPEG-4 利用窄的带宽，通过帧重建技术压缩和传输数据，以最小的数据获取最佳的图像质量。

7. Intel Indeo(TM) Video Raw

使用该视频编码解码器能捕获图像质量极高的视频，其缺点就是要占用大量的磁盘空间。

1.5.2 常用的音频编码解码器

在影片制作中，常用的音频编码解码器包括如下几种。

1. DSP Group True Speech (TM)

该音频编码解码器适用于压缩以低数据率在 Internet 上传播的语音。

2. GSM 6.10

该音频编码解码器适用于压缩语音，在欧洲用于电话通信。

3. Microsoft ADPCM

ADPCM 是数字 CD 的格式，是一种用于将声音和模拟信号转换为二进制信息的技术，它通过一定的时间采样来取得相应的二进制数，是能存储 CD 质量音频的常用数字化音频格式。

4. IMA

该音频编码解码器是由 Interactive Multimedia Association (IMA) 开发的关于 ADPCM 的一种实现方案，适用于压缩交叉平台上使用的多媒体声音。

5. CCITTU 和 CCITT

该音频编码解码器适用于语音压缩，用于国际电话与电报通信。

1.5.3 QuickTime 视频编码解码器

如果用户安装了 QuickTime 视频编码解码器，则可以在 After Effects 中使用相应的视频格式。QuickTime 的视频编码解码器包括以下内容。

1. Component Video

该视频编码解码器适用于采集、存档或临时保存视频。它采用相对较低的压缩比，要求的磁盘空间较大。

2. Graphics

该视频编码解码器主要用于 8 位静止图像。这种编码解码器没有高压缩比，适合从硬盘播放，而不适合从 CD-ROM 播放。

3. Video

该视频编码解码器适用于采集和压缩模拟视频。使用这种编码解码器从硬盘播放时，可获得高质量的播放效果；以 CD-ROM 播放时，也可获得中等质量的播放效果。它支持空间压缩和时间压缩、重新压缩或生成，可获得较高的压缩比，而不会有质量损失。

4. Animation

该视频编码解码器适用于有大面积单色的诸如卡通动画之类的片段，可以根据实际需要设置不同的压缩质量。它使用苹果公司基于运动长度编码的压缩算法，同时支持空间压缩和时间压缩。当设置为无损压缩时，可用于存储字幕序列和其他运动的图像。

5. Motion JPEG A 和 Motion JPEG B

该视频编码解码器适用于将视频采集文件传送给配置有视频采集卡的计算机。此编码解码器是 JPEG 的一个版本。一些视频采集卡包含加速芯片，能加快编辑操作的速度。

6. Photo-JPEG

该视频编码解码器适用于包含渐变色彩变化的静止图像或者不包含高比例边缘或细节变化剧烈的静止图像。虽然它是一种有损压缩，但在高质量设置下，几乎是没有什么影响的。另外，它是一种对称压缩，其压缩与解压缩的时间几乎相同。

7. H.263 和 H.261

该视频编码解码器适用于较低数据率下的视频会议，一般不用于通常的视频。

8. DV-PAL 和 DV-NTSC

它们是 PAL 和 NTSC 数字视频设备采用的数字视频格式。这类视频编码解码器允许从连接的 DV 格式的摄录像机直接将数字片段输入 After Effects 中。它们还适合作为译码器，在交叉平台和配置有数字视频采集卡的计算机间传送数字视频。

9. Cinepak

该编码解码器适用于压缩从 CD-ROM 光盘导入或从 Web 上下载的视频文件。同 Video 编码解码器相比，它具有较高的压缩比和较快的播放速度；并且可以设置播放数据率，但当数据率低于 30kb/s 时，图像质量将明显下降。这是一种高度不对称的编码解码器，其解压缩比压缩快得多。要获得最佳结果，应该在输出最终版本的影片文件时使用这种编码解码器。

10. Sorenson Video 和 Sorenson Video 3

该视频编码解码器在数据率低于 200kb/s 时可以获得高质量图像，而且压缩后的文件较小，其不足之处是压缩的时间较长。它适合最终输出而非编辑的状态，还支持在速度较慢的计算机上输出可在速度较快的计算机上平滑播放的影片。

11. Planar RGB

这是一种有损视频编码解码器，对于压缩诸如动画之类包含大面积纯色的图像有效。

12. Intel Indeo 4.4

该视频编码解码器适用于在 Internet 上发布的视频文件。它包含较高的压缩比、较好的图像质量和较快的播放速度。

1.5.4 QuickTime 音频编码解码器

如果用户安装了 QuickTime 音频编码解码器，则可以在 After Effects 中使用相应的音频格式。QuickTime 的音频编码解码器包括以下内容。

1. MLsw 2∶1

这种音频编码解码器适用于交换的音频，如许多 UNIX 工作站上使用的音频。

2. 16-bit Big Endian 和 16-bit Little Endian

这种音频编码解码器适用于使用 Big Endian 或 Little Endian(字节顺序) 编码存储的情形。这些编码解码器对于软硬件工程师而言是十分有用的，但通常不能用于视频编辑。

3. 24-bit Integer 和 32-bit Integer

这种音频编码解码器适用于声音数据必须使用 24 位或 32 位整数编码存储的情形。

4. 32-bit Floating Point 和 64-bit Floating Point

这种音频编码解码器适用于必须使用 32 位或 64 位浮点数据编码存储的情形。

5. Alaw 2∶1

这种音频编码解码器主要用于欧洲数字电话技术。

6. IMA 4∶1

这种音频编码解码器适用于交叉平台的多媒体声音，它是由 IMA 利用 ADPCM 技术开发出来的。

7. Qualcomm Pure Voice 2

这种音频编码解码器在音频采样速率为 8kHz 时工作得最好，它是基于蜂窝电话的 CDMA 技术标准。

8. MACE 3∶1 和 MACE 6∶1

这是一种适用于普通用途的音频编码解码器，内置于 macOS Sound Manager 中。

 知识点滴：

如果在影片制作过程中缺少某种解码器，则不能使用该类型的素材。用户可以从相应的网站下载并安装这些解码器。

1.6 视频压缩方式

由胶片制作的模拟视频、模拟摄像机捕捉的视频信号都可以称为模拟视频；而数字视频的出现带来了巨大的革命，在成本、制作流程、应用范围等方面都大大超越了模拟视频。但是数字视频和模拟视频又息息相关，很多数字视频都是通过模拟信号数字化后而得到的。

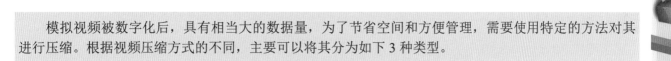

模拟视频被数字化后，具有相当大的数据量，为了节省空间和方便管理，需要使用特定的方法对其进行压缩。根据视频压缩方式的不同，主要可以将其分为如下 3 种类型。

1.6.1 有损和无损压缩

在视频压缩中，有损 (loss) 和无损 (lossless) 的概念与对静态图像的压缩处理基本类似。无损压缩也即压缩前和解压缩后的数据完全一致。多数的无损压缩都采用 RLE 行程编码算法。有损压缩意味着解压缩后的数据与压缩前的数据不一致；要得到体积更小的文件，就必须通过对其进行有损压缩来得到。

在压缩的过程中要丢失一些人眼和人耳所不敏感的图像或音频信息，而且丢失的信息不可恢复。几乎所有高压缩的算法都采用有损压缩，这样才能达到低数据量的目标。丢失的数据量与压缩比有关，压缩比越小，丢失的数据越多，解压缩后的效果一般也越差。此外，某些有损压缩算法采用的是多次重复压缩的方式，这样还会引起额外的数据丢失。

1.6.2 帧内和帧间压缩

帧内 (intra-frame) 压缩也称为空间压缩 (spatial compression)。当压缩一帧图像时，仅考虑本帧的数据而不考虑相邻帧之间的冗余信息时，这实际上与静态图像压缩类似。

帧内一般采用有损压缩算法，由于帧内压缩时各个帧之间没有相互关系，因此压缩后的视频数据仍可以帧为单位进行编辑。帧内压缩一般达不到很高的压缩比。帧内压缩基于许多视频或动画的连续前后两帧具有很大的相关性，或者说前后两帧信息变化很小的特点。也即连续的视频其相邻帧之间具有冗余信息，根据这一特性，压缩相邻帧之间的冗余量就可以进一步提高压缩量，减小压缩比。

帧间压缩也称为时间压缩 (temporal compression)，它通过比较时间轴上不同帧之间的数据进行压缩，对帧图像的影响非常小，所以帧间压缩一般是无损的。帧差值 (frame differencing) 算法是一种典型的时间压缩法，它通过比较本帧与相邻帧之间的差异，仅记录本帧与其相邻帧的差值，这样可以大大减少数据量。

1.6.3 对称和不对称压缩

对称性是压缩编码的一个关键特征。对称意味着压缩和解压缩占用相同的计算处理能力和时间，对称算法适合实时压缩和传送视频，如视频会议应用采用对称的压缩编码算法就比较合适。

而在电子出版和其他多媒体应用中，都是先把视频内容压缩处理好，然后在需要的时候播放，因此可以采用不对称编码。不对称或非对称意味着压缩时需要花费较长的处理时间，而解压缩时则能较好地实时回放，也即需要以不同的速度进行压缩和解压缩。一般来说，压缩一段视频的时间比回放 (解压缩) 该视频的时间要多得多。例如，压缩一段 3 分钟的视频片段可能需要十多分钟的时间，而该片段实时回放时间只需要 3 分钟。

1.7 影视制作基本流程

在开始创建影视合成前，用户需要了解 After Effects 影视制作的基本工作流程，主要包括建立项目、导入素材、创建动画效果、渲染输出等。

1. 建立项目

在进行 After Effects 影视制作前，首先需要建立一个项目，或是打开已有的项目进行编辑，在后面的章节中将详细介绍项目的创建与设置等方法。

2. 导入素材

创建一个项目后，在"项目"面板中可以将所需素材导入，在后面的章节中将详细介绍导入不同素材的方法和管理素材的方法。

3. 创建动画效果

用户可以在"时间轴"面板中对素材进行图层的排列与组合，通过对图层属性进行修改（如图层的位置、大小和不透明度等），或是利用滤镜效果、蒙版混合模式，制作丰富的动画效果。用户可以根据需要在"时间轴"面板中创建一个或多个合成。

 知识点滴：

After Effects 中的图层主要用于实现动画效果。After Effects 中的图层元素比 Photoshop 中的图层元素更丰富，不仅包含了图像文件，还包含摄影机、灯光、声音等。在 After Effects 中，相关的图层操作都是在"时间轴"面板中进行的。

4. 渲染输出

影视制作的最后一步就是渲染输出，而渲染方式决定了影片的最终效果。在 After Effects 中可以将已合成项目输出成音频、视频文件或序列图片等。在渲染时，还可以通过设置渲染工作区参数，只渲染其中想要的某一部分效果。

1.8　本章小结

本章主要讲解了影视后期制作的基础知识，首先介绍了影视后期制作概述，然后介绍了 After Effects 的特点、主要功能和应用领域，接着分别讲述了影视制作的专业术语、常见的视频和音频文件格式，最后对影视制作基本流程进行了详细讲述。通过本章的学习，读者可以全面地认识和了解影视后期制作的相关内容。

1.9　思考和练习

1. 影视图像编辑中的基本单位是什么？
2. 影视后期制作是指什么？
3. After Effects 的主要功能是什么？
4. After Effects 的应用领域包括哪些？
5. 帧、帧速率和关键帧分别指什么？
6. AVI 格式、MPEG 格式和 QuickTime(MOV) 格式分别有什么特点？
7. 影视后期制作基本流程主要包括哪些？

After Effects 2022 影视特效标准教程（微课版）（全彩版）

第2章 After Effects 基本操作

奋力拼搏，永不言弃

　　After Effects(简称 AE) 是一个强大的影视后期制作平台，有着非常高效的专业优势，在影视后期制作这个领域有着广泛的应用。作为 Adobe 公司的一款优秀影视后期制作合成软件，After Effects 有着超强的专业性和简便的操作功能。本章将从 After Effects 的基本操作开始介绍，带领读者掌握 After Effects 的启动、工作界面调整、首选项设置和快捷键设置等操作，为后面深入学习特效制作奠定良好的基础。

本章学习目标

掌握 After Effects 的启动方法　　　　掌握 After Effects 首选项的设置

掌握 After Effects 工作界面的调整　　　掌握 After Effects 快捷键的设置

2.1 启动 After Effects

安装 After Effects 应用程序后，就可以启动该程序进行影视后期制作了。启动 After Effects 程序有如下两种常用方法。

- 在"开始"菜单中选择 After Effects 应用程序命令，如图 2-1 所示。
- 双击桌面上的 After Effects 应用程序快捷图标，如图 2-2 所示。

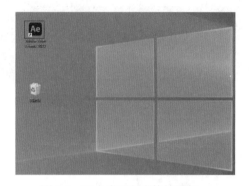

图 2-1　选择应用程序命令　　　　　图 2-2　双击应用程序快捷图标

当首次启动 After Effects 2022 时，会自动弹出一个主页界面。在该界面中，可以打开最近编辑的几个影片项目文件，以及执行新建项目和打开项目操作，如图 2-3 所示。

图 2-3　主页界面

2.2 After Effects 工作界面调整

在进行影视制作前，首先需要了解 After Effects 工作界面的操作方法。下面对 After Effects 2022 的工作界面进行介绍。

2.2.1 认识工作界面

After Effects 2022 默认的工作界面由菜单栏、工具栏、"合成"面板、"项目"面板、"时间轴"面板、"效果和预设"面板等组成，如图 2-4 所示。

After Effects 2022 影视特效标准教程（微课版）（全彩版）

图 2-4　默认工作界面

1. "合成"面板

"合成"面板主要用于显示各个图层的效果，用户可以设置画面显示的质量、调整窗口的大小及视图等，如图 2-5 所示。

2. "项目"面板

"项目"面板主要用于对素材的管理及存储，如果所需素材较多，可以直接通过添加文件夹的方式管理、分类素材。用户也可以在"项目"面板中查看素材的信息，如素材大小、帧速率及持续时间等，还可以对素材进行替换、重命名等基本操作，如图 2-6 所示。

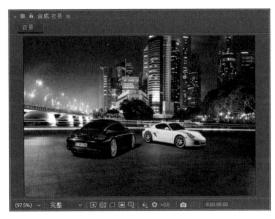

图 2-5　"合成"面板

图 2-6　"项目"面板

3. "时间轴"面板

"时间轴"面板主要分为控制面板区域和时间轴区域，在时间轴区域可以将素材以从上而下的图层排列方式添加，并可以添加滤镜和关键帧等，如图 2-7 所示。

4. "效果和预设"面板

"效果和预设"面板为用户提供了丰富的动画预设效果，这些效果包含了动态背景、文字动画、图像过渡等，用户可以直接调用这些预设效果，如图 2-8 所示。

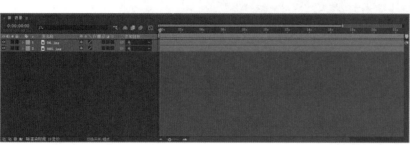

图 2-7　"时间轴"面板

图 2-8　"效果和预设"面板

2.2.2　更换工作区

Adobe Effects 除了默认的工作区，还可以根据不同需求进行工作区的预设。选择"窗口"|"工作区"菜单命令，在弹出的子菜单中可以选择界面布局方式，如图 2-9 所示。

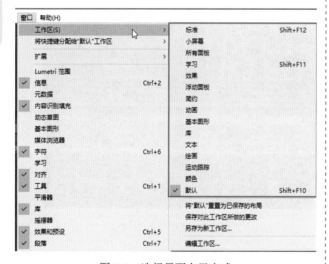

图 2-9　选择界面布局方式

"工作区"子菜单中主要命令的作用如下。

🔅 标准：默认的 After Effects 工作界面。

🔅 所有面板：可以显示所有可用面板。

🔅 效果：可以调用特效的工作界面。

🔅 简约：只简单显示"时间轴"和"合成"面板，为了方便显示预览图像。

🔅 动画：适用于动画操作的工作界面。

🔅 文本：适用于文本创建的工作界面。

🔅 绘画：适用于绘图操作的工作界面。

🔅 运动跟踪：适用于对图像关键帧进行编辑，用于动态跟踪。

练习实例：更换工作区	
文件路径	无
技术掌握	切换工作区，更换不同的布局

01 启动 After Effects，然后选择"窗口"|"工作区"菜单命令，在弹出的子菜单中选择一个工作界面（如"效果"），与效果有关的预设及面板将显示在界面中，如图 2-10 所示。

02 选择"所有面板"工作区，可以显示多种面板，多数面板只显示名称标签，如图 2-11 所示。

图 2-10　"效果"工作区

图 2-11　显示工作区所有面板

 知识点滴：

通过切换工作区可以更换不同的布局，如果不小心把工作面板弄乱，可以选择"窗口"|"工作区"|"标准"菜单命令，使工作区恢复到默认面板界面。

2.2.3　自定义工作界面

After Effects 为适合不同用户的操作习惯，提供了自定义的工作界面。除了可以通过"窗口"|"工作区"菜单中的命令选择想要的工作区模式外，还可以通过"窗口"菜单的命令来关闭或显示面板，对面板进行不同的搭配，其中带 √ 标记的命令对应的面板处于打开的状态，再次选择该命令，将取消命令前的 √ 标记，同时关闭对应的面板，如图 2-12 所示。

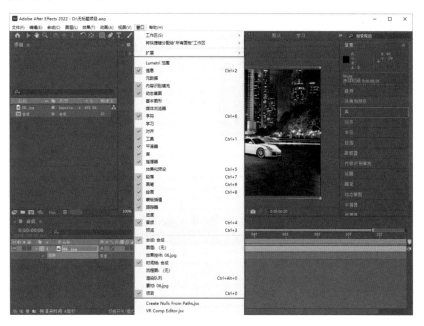

图 2-12　"窗口"菜单

如果工作区的某些面板过大或过小，用户可以通过拖动面板的边界调整面板的大小，如果需要调整面板的位置，可以通过拖动面板的标题进行位置调整。

知识点滴：

用户根据需求定制好界面后，可以对新的工作界面进行保存，便于以后使用。

练习实例：自定义并保存工作界面	
文件路径	无
技术掌握	调整工作界面并进行保存

01 启动 After Effects 2022，将光标放在"合成"面板与"时间轴"面板的边界处，向上拖动面板的边界，可以减小"合成"面板，增大"时间轴"面板，如图 2-13 所示。

图 2-13　拖动面板之间的边界

02 向下拖动"项目"面板的标题，可以将"项目"面板放置在窗口下方，如图 2-14 所示。

图 2-14　调整"项目"面板的位置

03 选择"窗口"|"工作区"|"另存为新工作区"菜单命令，打开"新建工作区"对话框，将其命名为"工作区 1"，如图 2-15 所示，然后单击"确定"按钮。

图 2-15　"新建工作区"对话框

04 选择"窗口"|"将快捷键分配给'工作区 1'工作区"|"Shift + F10(替换"默认")"菜单命令，可以将 Shift+F10 快捷键设置成"工作区 1"，替换默认的工作区，如图 2-16 所示。

图 2-16　选择命令

2.3　After Effects 首选项设置

首选项用于设置 After Effects 的外观、功能等，用户可以根据自己的创作习惯和编辑需要，对相关的首选项进行设置。选择"编辑"|"首选项"菜单命令，在弹出的子菜单中选择某个命令，可以对相应的选项进行参数设置，如图 2-17 所示。

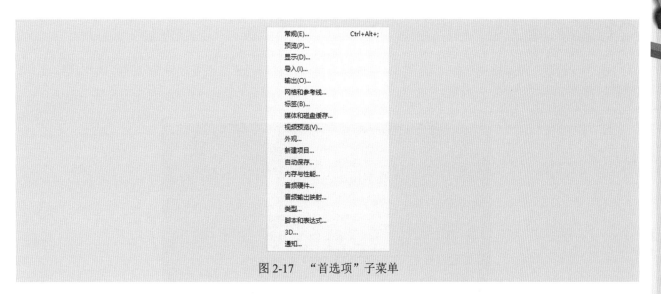

常规(E)...	Ctrl+Alt+;
预览(P)...	
显示(D)...	
导入(I)...	
输出(O)...	
网格和参考线...	
标签(B)...	
媒体和磁盘缓存...	
视频预览(V)...	
外观...	
新建项目...	
自动保存...	
内存与性能...	
音频硬件...	
音频输出映射...	
类型...	
脚本和表达式...	
3D...	
通知...	

图 2-17　"首选项"子菜单

2.3.1　常规设置

选择"编辑"|"首选项"|"常规"菜单命令，可以打开"首选项"对话框，并显示常规选项的内容，在对话框右侧列表中可以设置一些通用的项目选项，包括对路径点和手柄大小的调整、显示工具提示以及整个系统协调性的设置，如图 2-18 所示。

图 2-18　常规选项

 知识点滴：

按 Ctrl+Alt+; 快捷键，可以快速打开"首选项"对话框。

2.3.2 显示设置

在"首选项"对话框中选择"显示"标签选项，可以在右侧列表中设置项目运动路径的相应参数，如图 2-19 所示。

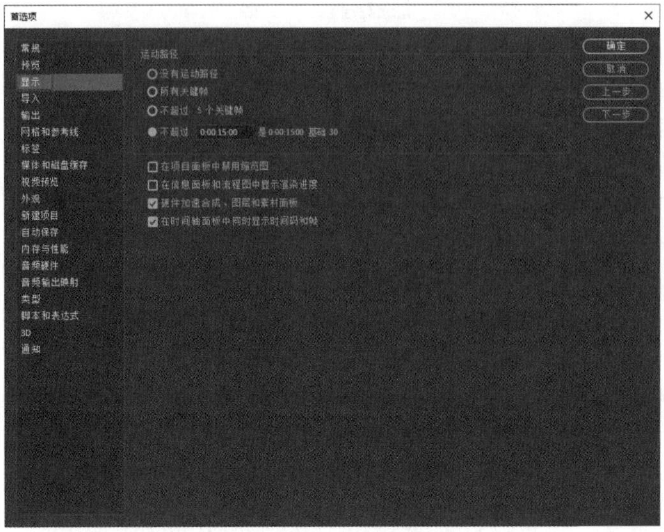

图 2-19 显示设置

2.3.3 导入设置

在"首选项"对话框中选择"导入"标签选项，可以在右侧列表中设置静止素材、序列素材、自动重新加载素材等选项，如图 2-20 所示。

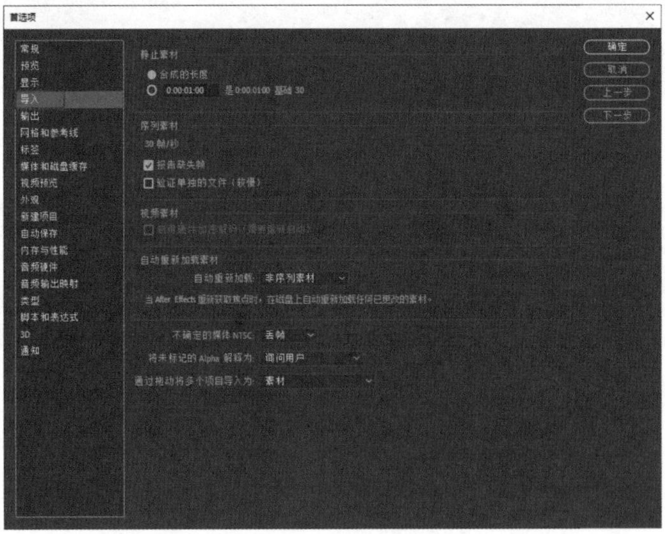

图 2-20 导入设置

2.3.4 媒体和磁盘缓存设置

在"首选项"对话框中选择"媒体和磁盘缓存"标签选项，可以在右侧列表中设置磁盘缓存、符合的媒体缓存以及 XMP 元数据等，如图 2-21 所示。

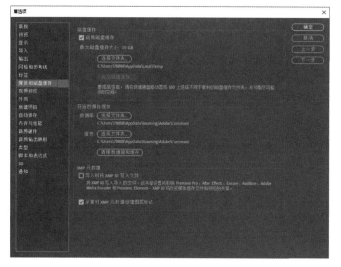

图 2-21　媒体和磁盘缓存设置

 知识点滴：

默认情况下，After Effects 磁盘缓存文件夹位于系统盘中。由于 After Effects 对内存容量的要求较高，并支持将磁盘空间作为虚拟内存使用，当系统盘的磁盘空间不足，建议将磁盘缓存文件夹设置到空间充足的其他磁盘。另外在使用一段时间后，软件会积累一定的缓存，造成软件运行卡顿等，用户可以通过清空磁盘缓存，提高软件的操作速度。

2.3.5 外观设置

在"首选项"对话框中选择"外观"标签选项，可以在右侧列表中设置界面外观的参数。例如，拖动"亮度"选项组的滑块，可以修改 After Effects 操作界面的亮度，如图 2-22 所示。

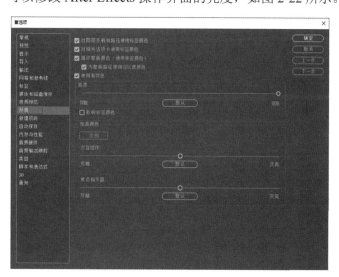

图 2-22　设置界面外观亮度

2.3.6 自动保存

After Effects 提供了自动保存功能，可以防止系统崩溃时造成不必要的损失。在"首选项"对话框中选择"自动保存"标签选项，可以在右侧列表中设置项目文件自动保存的时间间隔、最大保存项目数和自动保存位置等，如图 2-23 所示。

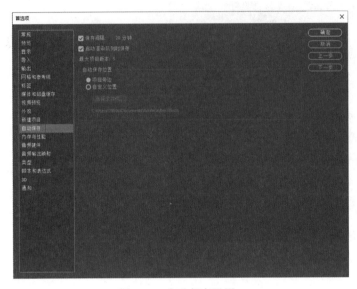

图 2-23　自动保存设置

2.3.7 内存与性能设置

在"首选项"对话框中选择"内存与性能"标签选项，可以在右侧列表中设置分配给 Adobe 相关软件产品使用的内存，以及优化渲染的方式，如图 2-24 所示。

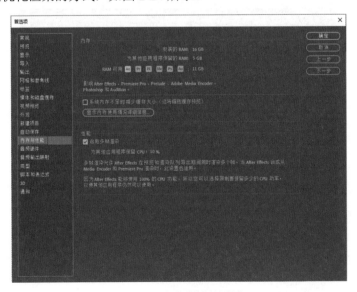

图 2-24　内存与性能设置

After Effects 2022 影视特效标准教程（微课版）（全彩版）

2.3.8 音频硬件设置

在"首选项"对话框中选择"音频硬件"标签选项，可以在右侧列表中指定计算机的音频设备和设置采样率，如图 2-25 所示。

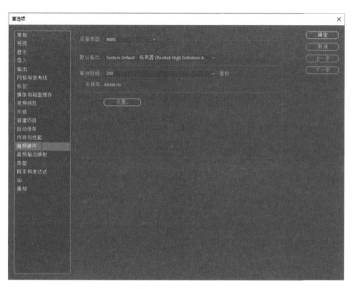

图 2-25 音频硬件设置

练习实例：调亮 After Effects 工作界面的颜色	
文件路径	无
技术掌握	设置 After Effects 工作界面的颜色

01 启动 After Effects 2022，在默认状态下，该程序的界面颜色为深灰色，如图 2-26 所示。

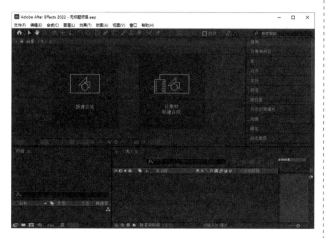

图 2-26 After Effects 2022 默认界面颜色

02 选择"编辑"|"首选项"|"外观"菜单命令，

将打开"首选项"对话框，并自动选择"外观"标签选项，如图 2-27 所示。

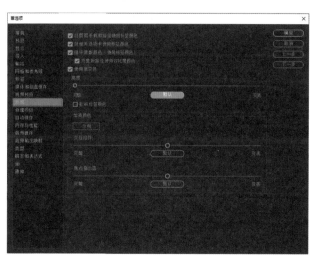

图 2-27 打开"首选项"对话框

03 向右拖动"亮度"选项的滑块，可以发现面板的颜色随着滑块的拖动而变化，如图 2-28 所示。

04 单击"确定"按钮，关闭"首选项"对话框，就可以看到调整界面颜色后的效果，如图 2-29 所示。

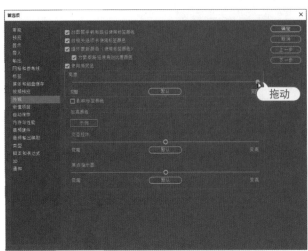

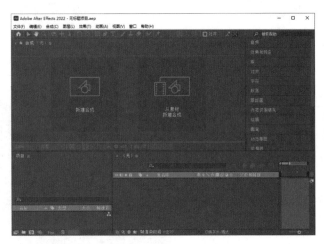

图 2-28　拖动"亮度"选项滑块　　　　　　　　　图 2-29　调整界面颜色后的效果

2.4　After Effects 快捷键设置

　　使用键盘快捷方式可以提高工作效率。After Effects 为激活工具、打开面板以及访问大多数菜单命令都提供了键盘快捷方式。这些命令是预置的，但也可以进行修改。

　　选择"编辑"|"键盘快捷键"菜单命令，打开"键盘快捷键"对话框，在该对话框中可以修改或创建"应用程序"和"面板"两个部分的快捷键，如图 2-30 所示。

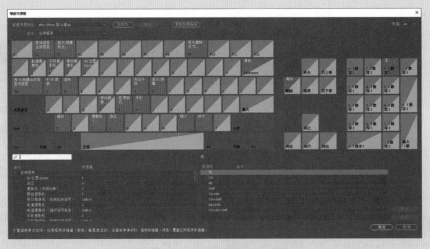

图 2-30　"键盘快捷键"对话框

2.4.1　自定义应用程序快捷键

　　默认状态下，在"键盘快捷键"对话框的下方列表框中显示了"应用程序"类型的键盘命令，其中包括工具快捷键和菜单命令快捷键。

1. 工具快捷键

在"应用程序"键盘快捷键列表中首先显示了各种工具和相应键盘快捷键,如图 2-31 所示。

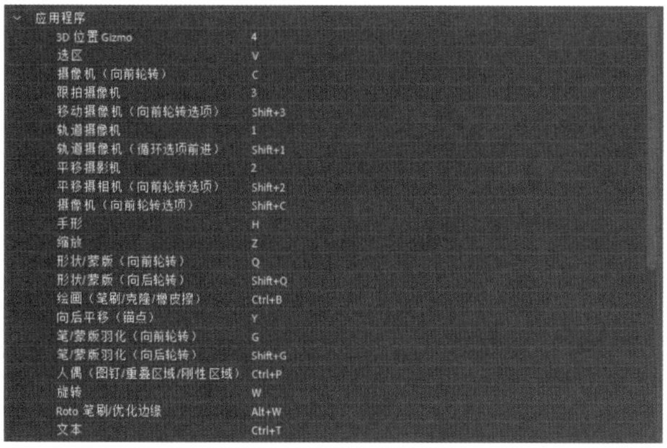

图 2-31　工具的键盘快捷键

2. 菜单命令快捷键

向下拖动键盘快捷键列表框右方的滚动条,可以显示各个菜单标题,如图 2-32 所示。单击菜单标题左侧的展开按钮,可以展开该菜单中包含的命令,在命令右方显示了相应的键盘快捷键。图 2-33 所示是展开"文件"菜单后显示对应的命令及键盘快捷键。

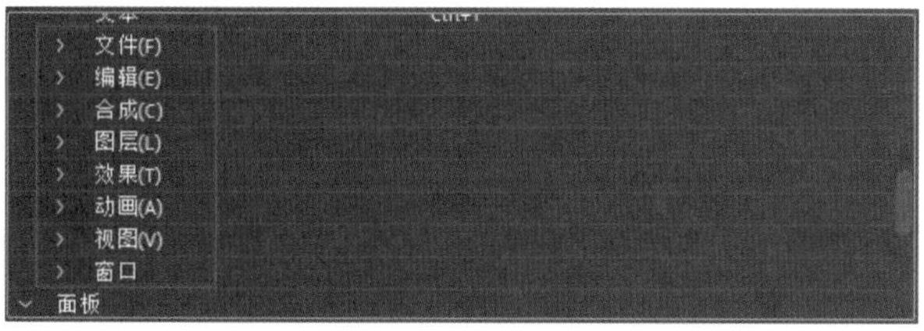

图 2-32　菜单标题

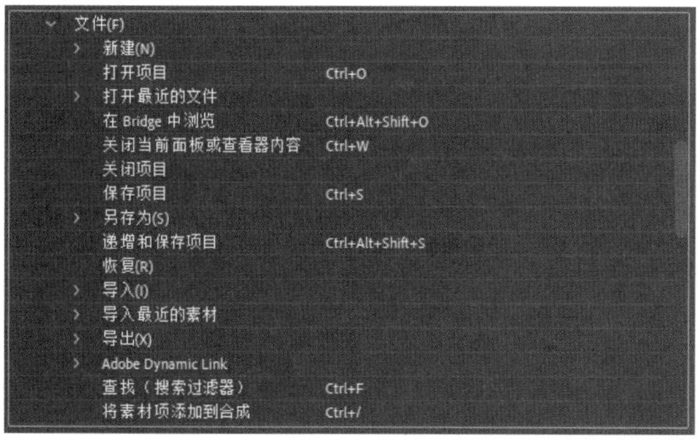

图 2-33　"文件"菜单命令的键盘快捷键

练习实例:自定义应用程序快捷键	
文件路径	无
技术掌握	添加和修改快捷键

01 选择"编辑"|"键盘快捷键"菜单命令,打开"键盘快捷键"对话框,在下方键盘快捷键列表中选择"应用程序"|"编辑"选项,展开其中的命令选项,如图 2-34 所示。

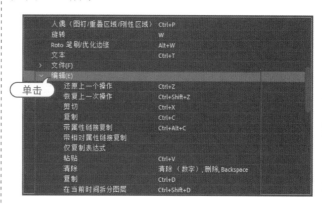

图 2-34　展开"编辑"菜单

02 选中要添加快捷键的命令(如"仅复制表达式"),然后在该命令快捷键对应的位置单击,将显示一个文本框，如图 2-35 所示。

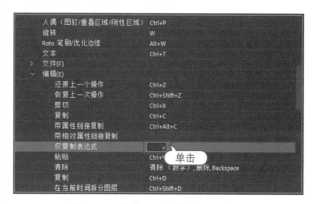

图 2-35　指定要添加快捷键的命令

03 按下一个功能键或组合键(如"Ctrl+Alt+Shift+C"),即可为选择的命令创建键盘快捷键,如图 2-36 所示。

04 在"键盘快捷键"对话框中选择一个带快捷键的命令,然后单击命令后面对应的快捷键,可以激活快捷键文本框,如图 2-37 所示。单击该命令快捷键文本框右下方的删除按钮，或单击对话框右下

方的"清除"按钮，可以将原有的命令快捷键删除，如图 2-38 所示。

05 在命令快捷键文本框的后面单击，将增加一个快捷键文本框，如图 2-39 所示，设置好新的快捷键后，删除原有键盘快捷键，即可修改该工具的快捷键，如图 2-40 所示。

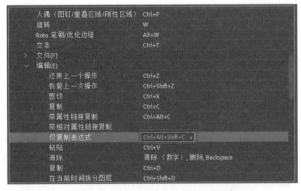

图 2-36　为命令设置快捷键

图 2-39　增加快捷键文本框

图 2-37　激活快捷键文本框

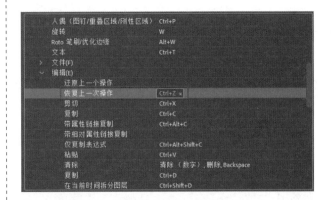

图 2-40　修改快捷键

06 设置好快捷键后，单击对话框中右下方的"确定"按钮，即可完成快捷键的设置；如果不需要对快捷键进行修改，则单击"取消"按钮。

 知识点滴：

单击"键盘快捷键"对话框右下方的"撤销"按钮，可以撤销当前设置的快捷键，连续单击"撤销"按钮，可以依次撤销前面设置的快捷键。

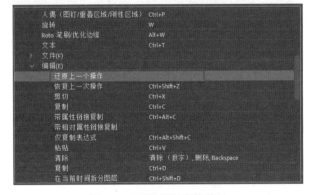

图 2-38　删除原键盘快捷键

2.4.2　自定义面板快捷键

在"键盘快捷键"对话框中向下拖动键盘快捷键列表框右方的滚动条，可以显示各个面板标题，如图 2-41 所示。要创建或修改面板中的键盘快捷键命令，可以在键盘快捷键列表框中展开相应的面板进行设置。图 2-42 所示是展开"合成面板"选项后显示对应的功能及键盘快捷键。

28

图 2-41　显示面板标题

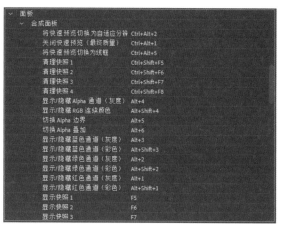

图 2-42　显示面板选项的功能及快捷键

2.4.3　保存自定义快捷键

修改键盘快捷键命令后，在"键盘快捷键"对话框的"键盘布局预设"选项右方单击"另存为"按钮，如图 2-43 所示。然后在弹出的"键盘布局设置"对话框中设置键盘布局预设名称并单击"确定"按钮，如图 2-44 所示，即可添加并保存自定义设置。

图 2-43　单击"另存为"按钮 　　　　 图 2-44　保存自定义设置

2.4.4　载入自定义快捷键

保存自定义快捷键后，在下次启动 After Effects 时，可以通过"键盘快捷键"对话框载入自定义的快捷键。在"键盘快捷键"对话框的"键盘布局预设"下拉列表中选择自定义的快捷键 (如"自定义 2") 选项，即可载入自定义快捷键，如图 2-45 所示。

图 2-45　载入自定义快捷键

2.5　本章小结

本章主要讲解了 After Effects 的基本操作，首先介绍了 After Effects 的启动方法和启动界面，随后对 After Effects 工作界面的调整进行了介绍，接着讲述了 After Effects 的首选项设置，最后对 After Effects 的快捷键设置进行了详细讲述。

2.6 思考和练习

1. ____面板主要用于显示各个图层的效果,用户可以设置画面显示的质量、调整窗口的大小及视图等。

2. ____面板主要分为控制面板区域和时间轴区域,在时间轴区域可以将素材以从上而下的图层排列方式添加,并可以添加滤镜和关键帧等。

3. 如何修改导入素材的合成长度和序列素材每秒的帧数?

4. 如何防止在工作过程中因断电或其他意外未能及时保存当前的工作而造成的损失?

5. 如果在设置快捷键时,错误地将一些常用的快捷键删除了,该怎么办?

第3章 项目与合成

  创建项目与合成，是进行影视后期制作的第一步，要使用 After Effects 进行影视后期制作，首先需要掌握 After Effects 项目与合成的相关知识。本章将介绍 After Effects 创建与设置项目、导入与管理素材、创建与编辑合成等相关知识和操作。

本章学习目标

掌握创建与设置项目的方法   掌握创建与编辑合成的方法
掌握导入与管理素材的方法   熟悉"时间轴"面板

3.1 创建与设置项目

进行影视后期制作时，首先需要掌握项目的创建与设置，本节将讲解创建、保存与打开项目，以及项目的设置等操作。

3.1.1 创建项目

创建项目是进行影视后期制作的第一步。用户可以通过如下两种方法创建项目。

- 启动 After Effects，在"主页"面板中单击"新建项目"按钮，可以创建一个新项目，如图 3-1 所示。
- 进入 After Effects 工作界面后，选择"文件"|"新建"|"新建项目"菜单命令，创建一个新项目，如图 3-2 所示。

图 3-1　单击"新建项目"按钮

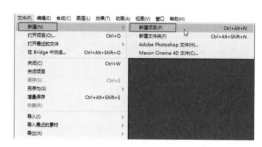

图 3-2　选择"新建项目"命令

3.1.2 保存项目

完成项目文件的编辑后，用户需要及时对其进行保存。选择"文件"|"保存"菜单命令，或按 Ctrl+S 组合键，在打开的"另存为"对话框中进行存储路径和名称的设置，然后单击"保存"按钮即可对项目进行保存，如图 3-3 所示。

图 3-3　保存项目

3.1.3 打开项目

当需要打开某个项目文件时，可以选择"文件"|"打开项目"菜单命令，或按 Ctrl+O 组合键，打开"打开"对话框，然后在该对话框中找到需要的项目文件并单击"打开"按钮将其打开，如图 3-4 所示。

图 3-4　打开项目

3.1.4 项目设置

在创建或打开一个项目后，可以对该项目进行设置。选择"文件"|"项目设置"命令，打开"项目设置"对话框，可以根据需要进行设置，如图 3-5 所示。

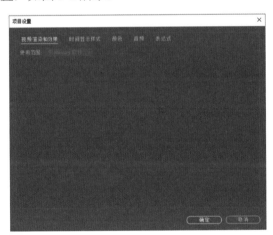

图 3-5　"项目设置"对话框

 知识点滴：

由于国内电视是以 PAL 制式为基准的，视频的帧速率以 25 帧 / 秒为默认基准，因此在进行影视后期制作时，可以将默认基准改成 25。在"项目设置"对话框中选择"时间显示样式"选项卡，再选中"时间码"单选按钮，然后将默认基准设置为 25 即可，如图 3-6 所示。

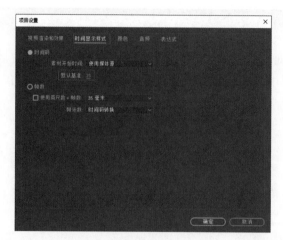

图 3-6　设置项目的默认基准

3.2　导入与管理素材

进行特效制作时，需要将所需素材导入"项目"面板。"项目"面板主要用于素材的存放及分类管理，在"项目"面板中可以查看每个素材或合成的时间、帧速率和尺寸等信息。

3.2.1　After Effects 素材类型与格式

After Effects 可以导入多种类型与不同格式的素材，如图片素材、视频素材和音频素材等。

- 图片素材：指各种设计、摄影的图片，是影视后期制作最常用的素材，常用的图片素材格式有 JPEG、TGA、PNG、BMP、PSD、EXR 等。
- 视频素材：指由一系列单独的图像组成的视频素材形式，而一幅单独的图像就是 1 帧，常用的视频素材格式有 AVI、WMV、MOV、MPG 等。
- 音频素材：指一些字幕的配音、背景音乐和声音特效等，常用的音频格式主要有 WAV、MP3、AAC、AIF 等。

3.2.2　导入素材

在 After Effects 中导入素材时可以分次导入，也可以一次性全部导入，而不同类型素材的导入方法也不同。

1. 执行导入命令

导入素材通常需要打开"导入文件"对话框进行导入操作，打开"导入文件"对话框有如下几种方法。

- 选择"文件"|"导入"|"文件"菜单命令，如图 3-7 所示。
- 在"项目"面板的空白处右击，在弹出的快捷菜单中选择"导入"|"文件"命令，如图 3-8 所示。
- 按 Ctrl+I 组合键。

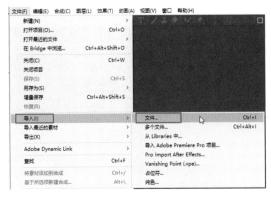

图 3-7 选择"文件"菜单命令

图 3-8 从"项目"面板导入文件

执行以上任意一种操作,都可打开"导入文件"对话框,然后选择并导入所需素材,如图 3-9 所示。

图 3-9 "导入文件"对话框

 知识点滴:

"文件"|"导入"|"文件"菜单命令和"文件"|"导入"|"多个文件"菜单命令都可以一次性导入多个素材,二者的区别在于:前者只能进行一次导入操作,并且只能导入同一个文件夹中的素

材;而后者可以进行多次导入操作,并且可以导入不同文件夹中的素材,在完成一次导入素材后,随即将自动弹出"导入多个文件"对话框进行下一次导入操作,直到单击对话框中的"完成"按钮才结束导入操作,如图 3-10 所示。

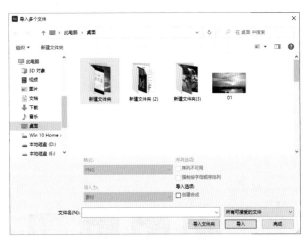

图 3-10 导入多个文件

2. 不同素材的导入方法

针对不同的素材,导入的方法也有所不同。下面介绍常见素材、序列文件和带图层文件的导入操作。

1) 导入常见素材

在 After Effects 中可以导入的常见素材是指图片素材、视频素材和音频素材。用户可以打开"导入文件"对话框,直接找到并导入需要的素材,如图 3-11 所示。

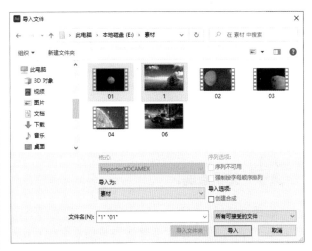

图 3-11 选择并直接导入素材

2) 导入序列文件

序列文件是指按某种顺序排列的一组格式相同的图片，每一帧画面都是一幅图片，大多数情况下是用相机进行拍摄的连续图片，可以在后期制作成运动影像。例如，导入带有 Alpha 通道渲染的序列动画图片 (如 .png、.tga 等文件)，可以供后期制作合成使用。

导入序列动画的图片时，需要在"导入文件"对话框中选中对应的"序列"复选框，如图 3-12 所示，如果没有选中对应的"序列"复选框，导入的则会是其中一帧的静态画面。图 3-13 所示是以序列对象导入多张图片后的结果。

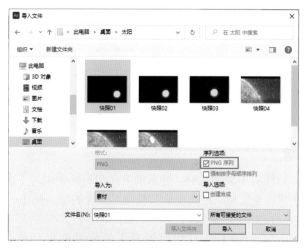

图 3-12 选中"序列"复选框

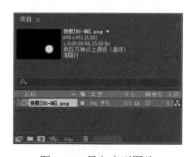

图 3-13 导入序列图片

 知识点滴：

选择"编辑"|"首选项"|"导入"菜单命令，可以在"首选项"对话框中通过设置每秒导入多少帧的画面对导入的序列图片设置帧速率，从而合成为相应的活动影像，如图 3-14 所示。

图 3-14 设置导入序列图片的帧速率

3) 导入带图层的文件

除了常用素材和序列文件外，在 After Effects 中还可以导入 Photoshop 软件生成的含有图层信息的 .psd 格式文件，而且可以对文件中的图层进行保留。

选择"文件"|"导入"|"文件"菜单命令，打开"导入文件"对话框，在选择带图层的文件后，可以在对话框下方的"导入为"下拉列表中选择导入带图层文件的 3 种方式，如图 3-15 所示。

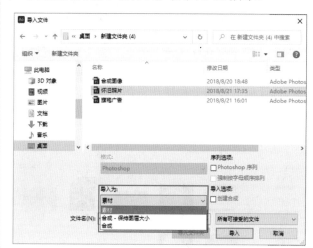

图 3-15 选择导入带图层文件的方式

■ 3. 导入最近使用过的素材

如果要导入最近使用过的素材，可以选择"文件"|"导入最近的素材"菜单命令，即可直接选择并导入最近使用过的素材文件，如图 3-16 所示。

图 3-16 导入最近使用过的素材

使用 After Effects 进行影视特效制作时，在"项目"面板中通常存放着大量的素材，为了保证"项目"面板的整洁，需要对素材进行分类管理，而在影视特效的制作过程中，有时需要查看素材属性，或对素材进行解释或替换等操作。

1. 查看素材属性

在"项目"面板中，可以查看素材的"名称""大小""类型""帧速率""媒体持续时间""入点""文件路径"等属性。

单击"项目"面板中的属性菜单按钮 项目 ≡ ，再选择"列数"命令，然后在弹出的子菜单中选择需要查看的属性选项，如图 3-17 所示，即可在"项目"面板中显示素材的相应属性，如图 3-18 所示。

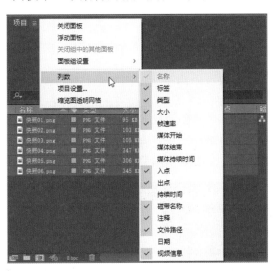

图 3-17 选择需要查看的属性选项

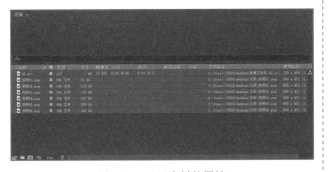

图 3-18 显示素材的属性

2. 解释素材

对于已经导入"项目"面板中的素材，如果需要对素材的帧速率、通道信息进行修改，可以选择"项目"面板中需要修改的对象，然后选择"文件"|"解释素材"|"主要"菜单命令，或单击"项目"面板底部的"解释素材"按钮 ，即可在打开的对话框中对素材的帧速率、通道信息等属性进行修改，如图 3-19 所示。

图 3-19 修改素材属性

3. 分类管理素材

当"项目"面板中的素材较多时，可以通过创建文件夹，对素材文件进行分类管理。

在"项目"面板底部单击"新建文件夹"按钮 ，即可创建一个文件夹，如图 3-20 所示，然后直接在创建的文件夹输入框中输入新建文件夹的名称，如图 3-21 所示。

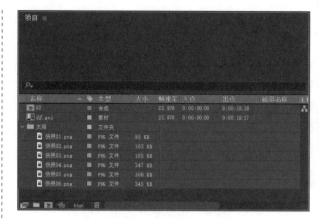

图 3-20 创建文件夹

图 3-21 输入新建文件夹的名称

 知识点滴：

右击文件夹，在弹出的快捷菜单中选择"重命名"命令，可以修改新建文件夹的名称。

创建好文件夹后，选中"项目"面板中的素材，然后将其直接拖到相应的文件夹中，即可对素材进行分类管理，如图 3-22 所示。

如果需要删除文件夹，选中要删除的文件夹，然后单击"删除所选项目项"按钮，即可将其删除。如果该文件夹中包含素材文件，会弹出提示对话框，提示文件夹中包含素材文件，用户可以根据需要决定是否要删除指定的文件夹，如图 3-23 所示。

图 3-22 将素材拖入文件夹

图 3-23 提示对话框

4. 替换素材

当计算机中用于 After Effects 中的素材被删除时，被删除的素材将以占位符的形式存在于"项目"面板中，并仍然能记忆丢失的源素材信息，但将显示为丢失的素材，在"合成"面板中也不能正常显示素材效果，如图 3-24 所示。

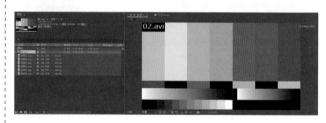

图 3-24 丢失的素材

为了能正常制作影视特效，用户可以使用其他素材替换丢失的素材。在"项目"面板中选择被删除素材的占位符，然后选择"文件"|"替换素材"|"文件"菜单命令，或者右击占位符，在弹出的快捷菜单中选择"替换素材"|"文件"命令，在打开的"替换素材文件"对话框中可以选择替换的素材文件，如图 3-25 所示。

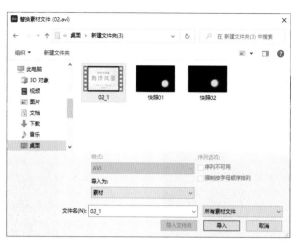

图 3-25 "替换素材文件"对话框

3.3 创建与编辑合成

After Effects 的影视编辑操作必须在一个合成中进行，一个项目内可以创建一个或多个合成，而每一个合成都能作为一个新的素材应用到其他合成中。

3.3.1 新建合成

在 After Effects 的影视编辑中，用户可以通过如下 3 种方法新建合成。

- 选择"合成"|"新建合成"菜单命令。
- 在"项目"面板的空白处右击，在弹出的快捷菜单中选择"新建合成"命令，如图 3-26 所示。
- 按 Ctrl+N 组合键。

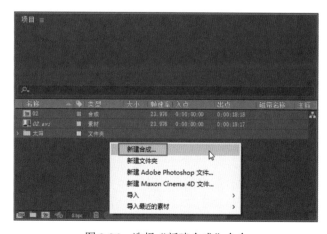

图 3-26 选择"新建合成"命令

执行"新建合成"命令后,将打开"合成设置"对话框,用户可以在该对话框中进行相关的参数设置,如图3-27所示。

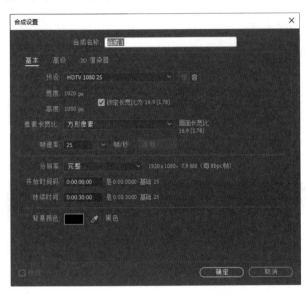

图3-27　"合成设置"对话框

图3-28　选择预设的合成参数

1."合成设置"基本参数

"合成设置"对话框中的"基本"选项卡用于设置合成的基本参数,其中重要参数的作用如下。

- 预设:在该下拉列表中可以选择预设的合成参数,从而快速地进行合成设置,如图3-28所示。
- 像素长宽比:可以设置像素的长宽比例,在该下拉列表中可以选择预设的像素长宽比,如图3-29所示。
- 帧速率:可以设置合成图像的帧速率。
- 分辨率:可以对视频效果的分辨率进行设置,用户可以通过降低视频的分辨率来提高渲染速度。
- 开始时间码:可以设置项目起始的时间,默认从0帧开始。
- 背景颜色:可以设置合成窗口的背景颜色,用户可以通过选择"吸管工具"进行背景颜色的调整。

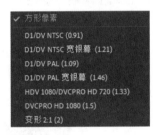

图3-29　选择像素长宽比

2."合成设置"高级参数

在"合成设置"对话框中选择"高级"选项卡,可以对合成的高级参数进行设置,如图3-30所示,其中重要参数的作用如下。

- 锚点:可以对合成图像的中心点进行设置,该选项需要在完成合成的创建后,选中合成对象,然后选择"合成"|"合成设置"命令,重新打开"合成设置"对话框,才可以进行设置。
- 运动模糊:可以对快门的角度和相位进行设置,快门的角度影响图像的运动模糊程度,快门的

After Effects 2022 影视特效标准教程(微课版)(全彩版)

相位则影响运动模糊的偏移程度。

- 每帧样本：可以设置对 3D 图层、特定效果的运动模糊和形状图层进行控制的样本数目。

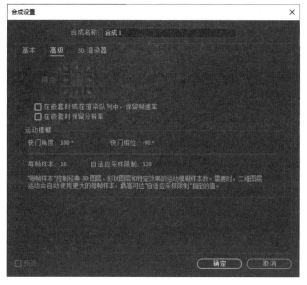

图 3-30　合成的高级参数设置

3. "合成设置" 3D 渲染器

在"合成设置"对话框中选择"3D 渲染器"选项卡，可以在"渲染器"下拉列表中选择一种适合自己的渲染器，如图 3-31 所示。

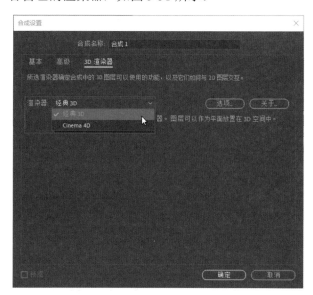

图 3-31　合成的 3D 渲染器参数设置

3.3.3　嵌套合成

在创建复杂效果的视频时，靠单个合成是无法完成的，这时就需要应用到嵌套合成。

1. 认识嵌套合成

嵌套合成是指一个合成包含在另一个合成中，当对多个图层使用相同特效或对合成的图层分组时，就可以使用合成的嵌套功能。

嵌套合成也被称为预合成，即将合成后的图层包含在新的合成中，这会将原始的合成图层替换掉，而新的合成嵌套又成为原始的单个图层源。

2. 生成嵌套合成

通过将现有合成添加到其他合成中可以创建嵌套合成。在"时间轴"面板中选择单个或多个图层，然后选择"图层"|"预合成"菜单命令，或右击选择的图层，在弹出的快捷菜单中选择"预合成"命令（如图 3-32 所示），在打开的"预合成"对话框中设置嵌套合成的名称等，如图 3-33 所示。

图 3-32　选择"预合成"命令

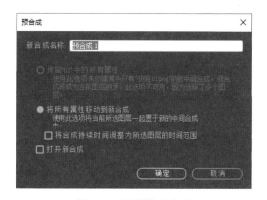

图 3-33　设置嵌套合成

设置嵌套合成的选项后，单击"确定"按钮，即可创建嵌套合成。创建的嵌套合成将自动生成在"项目"面板中，如图 3-34 所示。

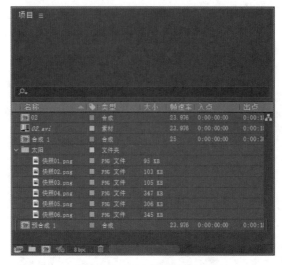

图 3-34　创建的嵌套合成

3.4　"时间轴"面板

"时间轴"面板主要用于设置图层属性和动画效果，如设置素材出入点的位置、图层的混合模式等，绝大多数的合成操作都是在"时间轴"面板中完成的，渲染作品时，"时间轴"面板底部的图层会最先被渲染。

3.4.1　认识"时间轴"面板

"时间轴"面板的左侧为控制面板区域，由图层列表组成；右侧为时间轴区域，如图 3-35 所示。

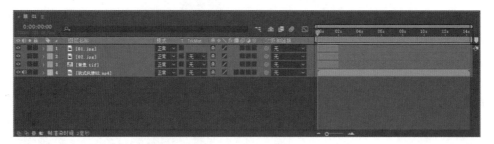

图 3-35　"时间轴"面板

"时间轴"面板主要由下列工具或按钮组成。

- 时间码：用来显示"时间指示器"的时间位置，用户可以直接单击时间码重新输入参数以调整时间位置，也可以通过拖动时间轴区域的时间指示器修改时间位置。
- 搜索：用来搜索和查找素材的属性。
- 合成微型流程图：用来调整流程图的显示设置。

- 隐藏图层 ┻：用来隐藏其设置"消隐"开关的所有图层。
- 帧混合 ▦：用来为设置了"帧混合"开关的所有图层启用帧混合。
- 运动模糊 ◉：用来为设置了"运动模糊"开关的所有图层启用运动模糊。
- 图表编辑器 ◨：用来切换时间轴操作区域的显示方式，如图 3-36 所示。

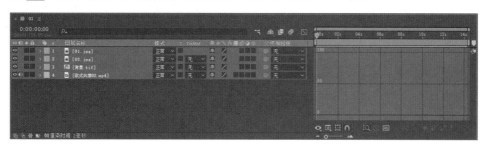

图 3-36　开启图表编辑器

● 3.4.2　控制图层属性栏

在"时间轴"面板左侧的图层属性栏中显示了图层开关、名称、模式、父级和链接等多个属性栏，在进行影视编辑时，用户可以根据需要打开或关闭其中的属性栏。

右击需要关闭的属性栏，在弹出的快捷菜单中选择"隐藏此项"命令，如图 3-37 所示，即可隐藏指定的属性栏，如图 3-38 所示。

图 3-37　选择"隐藏此项"命令

图 3-38　隐藏指定的属性栏

 知识点滴：

右击属性栏的某个标题，在弹出的快捷菜单中选择"列数"命令，在弹出的子菜单中选择相应命令可以打开或关闭其中的属性栏，如图 3-39 所示。

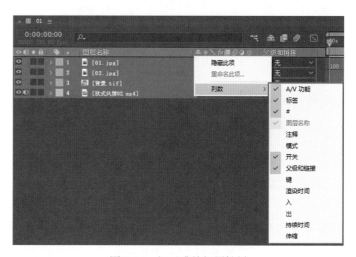

图 3-39　打开或关闭属性栏

练习实例：创建第一个项目	
文件路径	第3章\
技术掌握	创建和设置项目、导入素材、创建与编辑合成

01 选择"文件"|"新建"|"新建项目"菜单命令，创建一个新的项目。

02 选择"文件"|"另存为"|"另存为"菜单命令，打开"另存为"对话框，对项目进行另存设置后单击"保存"按钮，如图3-40所示。

图 3-40　另存项目

03 选择"合成"|"新建合成"菜单命令，在弹出的"合成设置"对话框中进行合成设置，如图3-41所示。

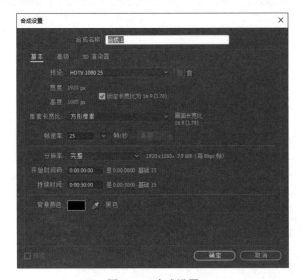

图 3-41　合成设置

04 单击"确定"按钮关闭"合成设置"对话框，建立一个新的合成，如图3-42所示。

图 3-42　新建合成

05 选择"文件"|"导入"|"文件"菜单命令，打开"导入文件"对话框，选择要导入的素材，如图3-43所示。

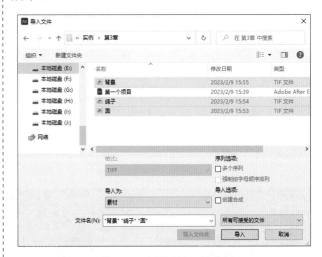

图 3-43　选择要导入的素材

06 单击"导入"按钮，即可将选择的素材导入"项目"面板中，如图3-44所示。

图 3-44　导入素材

07 将"背景"素材拖入"时间轴"面板中,可以在"合成"面板中看到背景效果,如图 3-45 所示。

图 3-45　将素材拖入"时间轴"面板中

08 将"项目"面板中的其他素材添加到"时间轴"面板中,并调整各图层的顺序,效果如图 3-46 所示。

图 3-46　在"时间轴"面板中添加其他素材

09 在"时间轴"面板中展开"背景"图层,然后在"变换"组中设置"缩放"值为 60%,调整背景图片的大小,效果如图 3-47 所示。

图 3-47　调整背景图片的大小

10 在"时间轴"面板中分别展开其他图层,然后在各个"变换"组中设置"缩放"值为 60%,调整各个素材图片的大小,最终效果如图 3-48 所示。

图 3-48　调整其他素材的大小

11 按 Ctrl+S 组合键对项目进行保存,完成本例的制作。

3.5　本章小结

　　本章主要讲解了 After Effects 项目与合成的创建与设置。首先介绍了创建与设置项目的方法,然后讲述了导入与管理素材的相关知识与操作,接着讲述了合成的创建与编辑操作(包括新建合成、合成设置和嵌套合成),最后对"时间轴"面板进行了介绍。通过本章的学习,读者可以掌握创建和设置项目、导入素材、创建与编辑合成等操作,为后续的深入学习打下坚实的基础。

3.6 思考和练习

1. 什么是预合成？
2. "时间轴"面板的作用是什么？
3. 导入素材有哪几种方式，具体的操作方法是什么？
4. 管理素材的方法有哪些，作用是什么？
5. 新建一个项目与合成，进行图像的合成与渲染练习。

第4章 图层详解与应用

　　本章主要介绍 After Effects 图层的基本知识及应用。为了适应不同的后期制作需求，我们需要全面掌握 After Effects 图层的基本操作。After Effects 的图层所包含的元素比较丰富，不仅包含图像，还包含声音、灯光等素材，熟悉和了解图层操作可提升用户的工作效率。

本章学习目标

认识图层
掌握创建与编辑图层的操作
掌握管理图层的操作

掌握图层属性的设置方法
掌握图层混合模式的设置方法
掌握图层样式的设置方法

4.1　认识图层

图层是构成合成的元素，如果没有图层，合成就是一个空的帧。有些合成中包含众多图层，而有些合成中仅仅包含一个图层。

After Effects 2022 影视特效标准教程（微课版）（全彩版）

4.1.1　图层的作用

After Effects 中的图层是影视特效制作的后期平台，所有的特效和动画都是在图层上进行操作的。

图层就像透明的覆盖层，用户可以在各图层中对图像进行编辑。每个图层就如同一张透明的纸，在影视特效制作的过程中，透过一层纸可以看到下一层纸的内容，通过改变图层位置及创建新的图层，最后将每层纸叠加在一起，即可达到最终想要的效果。

4.1.2　图层的类型

在制作项目时可以创建各种图层，也可以直接导入不同素材作为素材层，下面介绍不同图层类型的特点。

1. 素材图层

素材图层是 After Effects 中最常见的图层，将"项目"面板中的图像、视频、音频等素材添加到"时间轴"面板后，会形成相应的素材图层，用户可以对其进行移动、缩放、旋转等基本操作。

2. 文本图层

使用文本图层可以快速地创建文字，并对文本图层制作文字动画，还可以进行移动、缩放、旋转及透明度的调节。

3. 纯色图层

纯色图层和其他素材图层一样，可以创建遮罩，也可以修改图层的变换属性，制作各种效果。纯色图层主要用来制作影片中的蒙版效果，同时也可以作为承载编辑的图层。

4. 灯光图层

灯光图层主要用来模拟不同种类的真实光源，而且可以模拟出真实的阴影效果。

5. 摄像机图层

摄像机图层可以起到固定视角的作用，通过摄像机可以创造一些空间场景或浏览合成空间，通过该图层还可以制作摄像机的动画，模拟真实的摄像机游离效果。

6. 空对象图层

空对象图层是一种虚拟图层，使其与其他的图层相链接，可以通过对父级图层的属性进行设置，以实现辅助创建动画的作用。

7. 形状图层

形状图层可以制作各种形状图形。在不选择任何图层的情况下，使用"蒙版"工具或"钢笔"工具可以直接在"合成"面板中绘制形状。

8. 调整图层

调整图层在通常情况下不可见，主要作用是使其下方的图层附加调整图层上同样的效果，可以在辅助场景中进行色彩和效果上的调整。调整图层可以对该层下方的所有图层起到作用。

9. 内容识别填充图层

内容识别填充是将图像进行拼接组合后填充在该区域并进行融合，从而达到快速无缝的拼接效果。

10. 外部文件图层

除了上述图层外，在 After Effects 中还可以创建 Photoshop 和 Maxon Cinema 4D 文件图层。

4.2 图层的创建与编辑

前面介绍了图层的作用和类型，接下来将学习图层的创建与编辑操作。在影视后期制作中，用户可以根据实际需要新建图层。

4.2.1 新建图层

图层需要在"合成"中进行创建，因此在新建的项目中，首先需要创建一个合成，然后选中"时间轴"面板，才能创建新图层。用户可以通过如下3种方式新建图层。

- 选择"图层"|"新建"菜单命令，在弹出的子菜单中选择要创建的图层类型，如图4-1所示。
- 在"时间轴"面板的空白处右击，在弹出的快捷菜单中选择"新建"命令，然后在弹出的子菜单中选择要创建的图层类型，如图4-2所示。
- 按组合键新建图层。例如，按 Ctrl+Y 组合键，可以新建"纯色"图层。

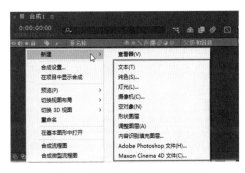

图 4-2 通过右键菜单新建图层

图 4-1 "图层"菜单

练习实例：创建不同类型的图层	
文件路径	第 4 章 \
技术掌握	新建和设置图层

01 启动 After Effects，新建一个项目和一个合成。

02 选择"图层"|"新建"|"文本"菜单命令，新建一个空文本图层，如图4-3所示。

After Effects 2022 影视特效标准教程（微课版）（全彩版）

图 4-3 新建空文本图层

03 创建好空文本图层后，该文本图层处于激活状态，此时可以直接输入文字内容，为场景添加文字素材，如图4-4所示。

图 4-4 输入文字内容

 知识点滴：

创建好文本图层后，如果文本图层未处于激活状态，就不能在该图层中输入文字，需要双击该图层，然后才能在该图层中输入文字。

04 选择"图层"|"新建"|"纯色"菜单命令，在打开的"纯色设置"对话框中根据需要进行纯色设置，如图4-5所示。

图 4-5 设置纯色图层

05 在"纯色设置"对话框中单击"颜色"选项组

中的颜色图标，可以在打开的"纯色"对话框中设置图层的颜色，如图4-6所示。然后单击"确定"按钮，即可创建一个指定的纯色图层，如图4-7所示。

图 4-6 设置图层的颜色

图 4-7 新建红色图层

 知识点滴：

在设置纯色图层颜色时，也可以单击吸管按钮，在屏幕中选择需要的颜色。

06 选择"图层"|"新建"|"灯光"菜单命令，在打开的"灯光设置"对话框中根据需要设置其参数，如图4-8所示，单击"确定"按钮，即可新建一个灯光图层，如图4-9所示。

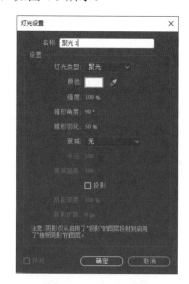

图 4-8 设置灯光图层

图 4-9　新建灯光图层

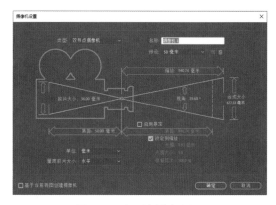

图 4-10　设置摄像机图层

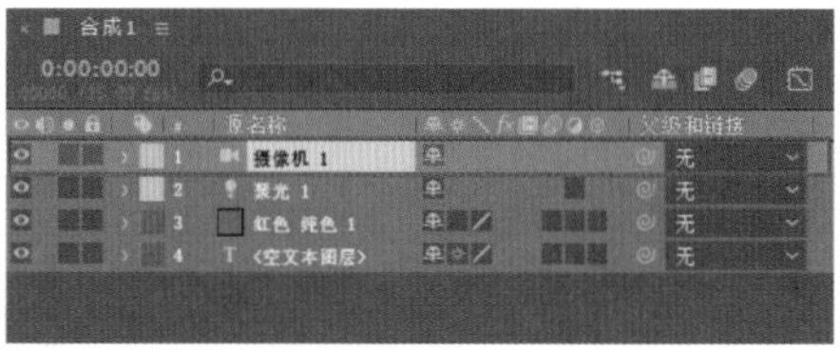

07 选择"图层"|"新建"|"摄像机"菜单命令，在打开的"摄像机设置"对话框中进行参数设置，如图 4-10 所示，然后单击"确定"按钮，即可新建一个摄像机图层，如图 4-11 所示。

图 4-11　新建摄像机图层

4.2.2　选择图层

在 After Effects 中选择图层的方法主要包括选择单个图层和选择多个图层两种。

1. 选择单个图层

在"时间轴"面板中单击所需选择的图层，可以将"时间轴"面板中相应的图层选中，如图 4-12 所示。

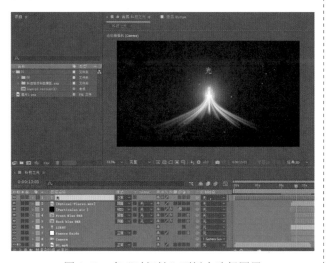

图 4-12　在"时间轴"面板中选择图层

2. 选择多个图层

在"时间轴"面板左侧的"图层"列表中使用鼠标框选多个图层，即可将框选的图层选中，如图 4-13 所示。

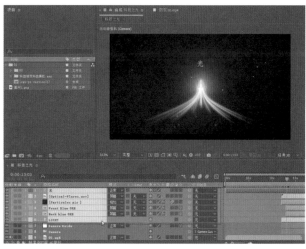

图 4-13　在"时间轴"面板中框选多个图层

 知识点滴：

在"时间轴"面板左侧的"图层"列表中单击首个要选择的图层，然后按住 Shift 键，再单击最后一个要选择的图层，可以选择多个连续的图层。如果需要选择某些不相邻的图层，可以按住 Ctrl 键，然后分别单击所需选择的图层即可。

4.2.3 复制图层

根据影视制作的需要，对图层进行编辑时，经常需要对某些图层进行复制。下面介绍复制图层的 3 种常用方法。

- 选择需要复制的图层，然后选择"编辑"|"复制"菜单命令，再选择要粘贴的位置，最后选择"编辑"|"粘贴"菜单命令。
- 选择需要复制的图层，然后选择"编辑"|"重复"菜单命令，或按 Ctrl+D 组合键，即可在当前的合成位置复制一个图层，如图 4-14 所示。

图 4-14　在当前位置复制一个图层

- 选择需要复制的图层，按 Ctrl+C 组合键进行复制，然后选择要粘贴的位置，再按 Ctrl+V 组合键进行粘贴，即可快速将复制的图层粘贴到指定的位置。

4.2.4 合并图层

在进行影视制作的过程中，有时需要将几个图层合并在一起，便于实现整体的动画制作效果。合并图层的方法如下。

在"时间轴"面板的"图层"列表中选择想要合并的多个图层，然后选择"图层"|"预合成"菜单命令，或单击鼠标右键，在弹出的快捷菜单中选择"预合成"命令，如图 4-15 所示。在打开的"预合成"对话框中可以设置预合成的名称，然后单击"确定"按钮，即可将所选择的几个图层合并到一个新的图层中，图层合并后的效果如图 4-16 所示。

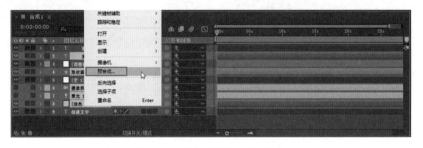

图 4-15　选择"预合成"命令

After Effects 2022 影视特效标准教程（微课版）（全彩版）

52

图 4-16　预合成图层后的效果

知识点滴：

在"时间轴"面板中选择想要合并的多个图层，按 Ctrl+Shift+C 组合键，也可以打开"预合成"对话框进行图层合并设置。

4.2.5　拆分图层

在 After Effects 中不仅可以合并图层，还可以在图层上的任何一个时间点对图层进行拆分。拆分图层的方法如下。

在"时间轴"面板中选择需要拆分的图层，再将时间指示器拖到需要拆分的位置，然后选择"编辑"|"拆分图层"菜单命令，如图 4-17 所示，即可将所选图层拆分为两个单个图层，如图 4-18 所示。

图 4-17　选择"拆分图层"命令

图 4-18　将所选图层拆分为两个单个图层

知识点滴：

在"时间轴"面板中选择需要拆分的图层，将时间指示器拖到需要拆分的位置，然后按 Ctrl+Shift+D 组合键，也可将所选图层拆分为两个单个图层。

4.2.6　删除图层

在项目的制作过程中，可以将不再需要的图层删除。删除图层的操作方法如下。

选中"时间轴"面板中需要删除的一个或多个图层，然后选择"编辑"|"清除"菜单命令，或直接按 Delete 键，即可将选择的图层删除。

4.3　图层管理

在 After Effects 中进行影视后期合成操作时，每个导入的合成图像素材文件都是以图层的形式存在的，在制作复杂的效果时，将用到大量的图层。为了便于制作，这时就需要对图层进行有效管理。

4.3.1　排列图层

在影视后期的制作过程中，根据项目需求可以对图层的排列顺序进行调整，从而影响项目最终的合成效果。

对图层进行排列的主要方法有如下两种。

- 在"时间轴"面板中使用鼠标直接拖拉图层，调整图层的上下位置。
- 选中图层后，选择"图层"|"排列"菜单命令，在弹出的子菜单中选择相应命令来调整图层的位置，如图 4-19 所示。

图 4-19　选择图层排列方式

在"排列"菜单中，各个排列命令的作用如下。

- 将图层置于顶层：将选中图层的位置调整到最上层。
- 使图层前移一层：将选中图层的位置向上移动一层。
- 使图层后移一层：将选中图层的位置向下移动一层。
- 将图层置于底层：将选中图层的位置调整到最下层。

4.3.2　添加图层标记

在特定的时间位置为图层添加标记，可以方便查找所需的素材内容。添加图层标记的方法如下。

选中需要添加标记的图层，并将时间指示器移到需要添加标记的位置，然后选择"图层"|"标记"|"添加标记"菜单命令，如图 4-20 所示，即可在当前位置添加标记，如图 4-21 所示。

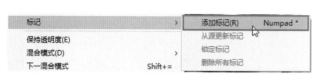

图 4-20　选择"添加标记"命令

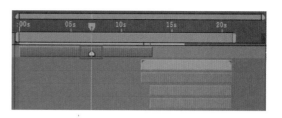

图 4-21　添加图层标记

4.3.3　重命名图层

对图层进行命名，可以对各个图层进行区分，以便在影视后期的制作过程中，快速找到对应的图层。

右击需要重命名的图层，在弹出的快捷菜单中选择"重命名"命令，如图 4-22 所示，然后输入图层名称并按 Enter 键进行确定，即可重命名图层，如图 4-23 所示。

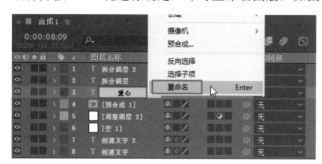

图 4-22　选择"重命名"命令

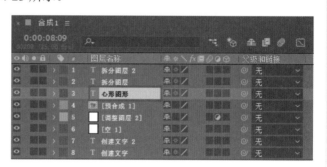

图 4-23　重命名图层

4.3.4　设置图层持续时间

在影视编辑的过程中，用户可以通过单击"时间轴"面板中的"持续时间"选项修改图层的持续时间。

1. 显示"持续时间"选项

在默认状态下，"时间轴"面板不显示"持续时间"选项，可以在"时间轴"面板的图层属性栏中右击，在弹出的快捷菜单中选择"持续时间"命令，如图 4-24 所示，即可在"时间轴"面板中显示"持续时间"选项，如图 4-25 所示。

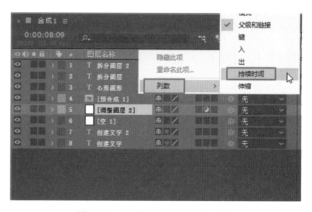

图 4-24　选择"持续时间"命令

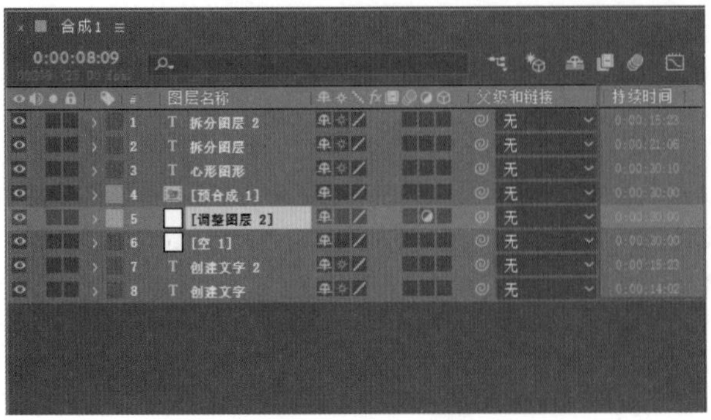

图 4-25　显示"持续时间"选项

图 4-26　输入图层持续时间值

2. 修改持续时间

在"时间轴"面板中单击需要修改持续时间的图层对应的"持续时间"选项，打开"时间伸缩"对话框，在"新持续时间"文本框中输入时间数值，如图 4-26 所示，然后单击"确定"按钮，即可修改图层的持续时间，如图 4-27 所示。

图 4-27　修改图层的持续时间

 知识点滴：

在"时间轴"面板中选择需要修改持续时间的图层，然后选择"图层"|"时间"|"时间伸缩"菜单命令，也可以打开"时间伸缩"对话框。

4.3.5　设置图层出入点

在进行影视制作时，可以对图层的出入点（即开始位置和结束位置）进行编辑。编辑图层的出入点时，首先要在"时间轴"面板中的时间码数字框中输入时间值，或拖动时间指示器设置好时间位置。

1. 设置图层入点

设置图层入点的方法有如下两种。

- 在"时间轴"面板中按住鼠标左键拖动图层左侧的边缘，即可设置图层的入点，如图 4-28 所示。
- 在"时间轴"面板中将时间指示器调整到需要的位置，然后按 Alt+[组合键，即可设置图层的入点。

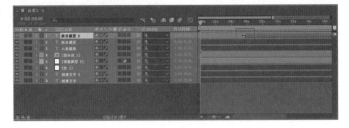

图 4-28　设置图层入点

2. 设置图层出点

设置图层出点的方法有如下两种。

☞ 在"时间轴"面板中按住鼠标左键拖动图层右侧的边缘，即可设置图层的出点，如图 4-29 所示。

☞ 在"时间轴"面板中将时间指示器调整到需要的位置，然后按 Alt+] 组合键，即可设置图层的出点。

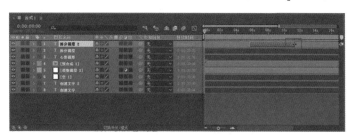

图 4-29　设置图层出点

4.3.6　提升与抽出图层

如果要删除图层中的某些内容，可以使用提升与抽出两种方式。提升方式即在保留被选图层的时间长度不变时，移除工作面板中被选择的图层内容，而保留删除后的空间。抽出方式可以移除工作面板中被选择的图层内容，但是被选图层的时间长度会相应缩短，删除后的空间则会被后面的素材替代。

☞ 选择要调整的图层，然后选择"编辑"|"提升工作区域"菜单命令，即可进行工作区域的提升。

☞ 选择要调整的图层，然后选择"编辑"|"提取工作区域"菜单命令，即可进行工作区域的抽出。

4.4　设置图层属性

在 After Effects 中，图层的属性是设置关键帧动画的基础，图层的属性可以通过菜单命令或图层列表进行设置。

4.4.1　通过菜单命令设置属性

除了音频图层具有单独的属性外，其他的所有图层都包含几个基本的属性，分别是锚点、位置、缩放、旋转和不透明度属性等，通过选择"图层"|"变换"子菜单中的命令可以对这些属性进行修改，如图 4-30 所示。

图 4-30　"变换"子菜单

1. 锚点

锚点就是素材的定位点。默认状态下，锚点即为素材的中心点，对素材进行缩放和旋转都是在"锚点"属性的基础上进行操作的。

选择"图层"|"变换"|"锚点"菜单命令，打开"锚点"对话框，可以对素材的锚点进行修改。设置不同位置的锚点，对素材进行缩放和旋转调整可以达到不同的视觉效果。图4-31和图4-32所示是设置不同的锚点后的对比效果。

图 4-31 设置不同锚点参数值后的效果（一）

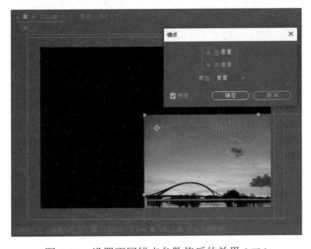

图 4-32 设置不同锚点参数值后的效果（二）

 知识点滴：

在修改图层的锚点时，图层中的素材在"合成"面板的位置也会随之改变，此时可以通过在"合成"

面板中拖动素材，或是通过"位置"选项调整素材的位置，锚点会随着素材位置的变化而变化，如图4-33所示。

图 4-33 锚点随着素材位置变化

2. 位置

"位置"属性用于控制素材图像在整个影视画面中的位置，可以用来制作位移动画。

选择"图层"|"变换"|"位置"菜单命令，或按Ctrl+Shift+P组合键，可以打开"位置"对话框对素材的位置进行修改。图4-34和图4-35所示是设置不同的位置的对比效果。

图 4-34 设置不同位置参数值后的效果（一）

图 4-35　设置不同位置参数值后的效果 (二)

知识点滴:

"锚点"对话框和"位置"对话框所设置的坐标不同：在"锚点"对话框中调整的是锚点在素材中的位置；而在"位置"对话框中调整的是素材在画面中的位置。

3. 缩放

"缩放"属性用来控制图像的大小，选择"图层"|"变换"|"缩放"菜单命令，可以打开"缩放"对话框进行缩放属性的设置，如图 4-36 所示。

在"缩放"对话框中，默认的缩放是等比例缩放图像，用户也可以单击"锁定缩放"按钮 将其锁定解除，选择非等比例缩放图像，即对图像的宽度或高度进行单独调节。设置缩放参数值的效果如图 4-37 所示。

图 4-36　"缩放"对话框

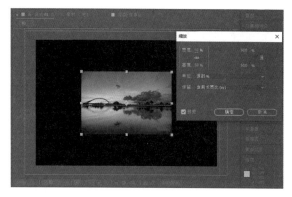

图 4-37　设置缩放参数值后的效果

知识点滴:

若将"缩放"属性设置为负值，图层则会翻转。将"缩放"属性设置为负值时的效果如图 4-38 所示。

图 4-38　设置缩放参数值为负值时的效果

4. 旋转

"旋转"属性用于控制图像在合成画面中的旋转角度。选择"图层"|"变换"|"旋转"菜单命令，或按 Ctrl+Shift+R 组合键，可以打开"旋转"对话框对素材的旋转参数进行修改，如图 4-39 所示，对素材进行旋转操作后的效果如图 4-40 所示。

图 4-39　"旋转"对话框

图 4-40　旋转效果

图 4-41　设置不同的不透明度参数值后的效果（一）

5. 不透明度

"不透明度"属性主要用来对素材图像进行不透明效果的设置。选择"图层"|"变换"|"不透明度"菜单命令，或按 Ctrl+Shift+O 组合键，可以打开"不透明度"对话框对素材的不透明度属性进行设置。为图像设置不同的不透明度后的对比效果如图 4-41 和图 4-42 所示。

图 4-42　设置不同的不透明度参数值后的效果（二）

知识点滴：

不透明度参数以百分比的形式表示，当数值达到 100% 时，图像完全不透明；而当数值为 0 时，则图像完全透明。

4.4.2　通过图层列表设置属性

除了可以通过选择"图层"|"变换"子菜单中的命令对图层属性进行修改外，还可以在图层列表中展开"变换"选项组，对这些属性进行修改，如图 4-43 所示。

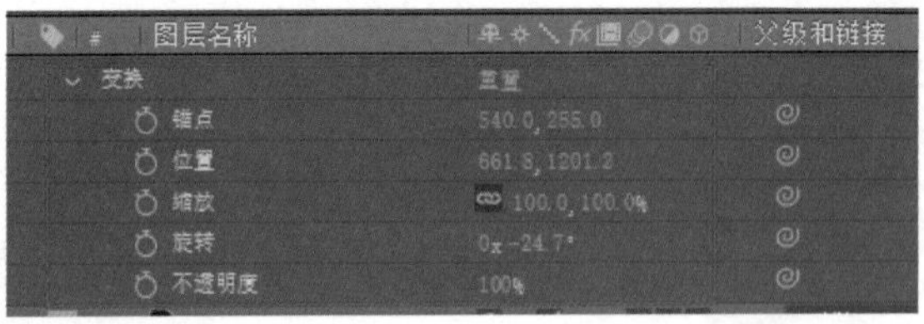

图 4-43　展开"变换"选项组

在图层列表中设置图层属性的方法有如下几种。

🔹将鼠标指针放置在对应属性值上进行拖动，可以改变属性值，如图 4-44 所示。

- 直接单击属性值，然后输入新的值，可以改变属性值，如图 4-45 所示。
- 使用选取工具在"合成"面板中拖动对象，图层列表中的属性值将发生相应变化。

图 4-44　拖动属性值

图 4-45　修改属性值

4.5　图层混合模式

　　每个图层都是由色彩三要素中的色相、明度和纯度构成的，图层的混合模式就是利用图层的属性通过计算的方式对几幅图像进行混合，以产生新的图像画面。在 After Effects 中，图层相互间有多种混合模式供用户选择。

4.5.1　设置图层混合模式

　　要对图层与其下面的图层应用混合模式，可以使用如下两种常用方法。

- 在"时间轴"面板中选中需要设置混合模式的图层，然后选择"图层"|"混合模式"菜单命令，在弹出的子菜单中选择所需混合模式，如图 4-46 所示。
- 在"时间轴"面板中右击需要设置混合模式的图层，然后在弹出的快捷菜单中选择混合模式，如图 4-47 所示。

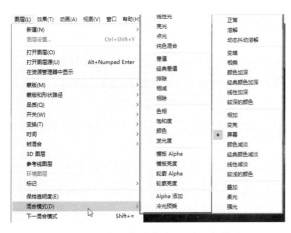

图 4-46　使用菜单命令设置混合模式

图 4-47　右键设置混合模式

4.5.2　常用混合模式

After Effects 有几十种图层混合模式，下面将介绍几种常用的混合模式，其中包括正常模式、变暗与变亮模式、叠加与差值模式，以及颜色与模板 Alpha 模式。

1. 正常模式

正常模式是默认模式，当图层的不透明度为 100% 时，合成会根据 Alpha 通道正常地显示当前图层，上层画面不会对下层画面产生影响，如图 4-48 所示；当图层的不透明度小于 100% 时，那么当前图层的色彩效果将受到其他图层的影响，如图 4-49 所示。

图 4-48　正常模式下不透明度为 100% 的效果　　　图 4-49　正常模式下不透明度降低的效果

2. 变暗与变亮模式

变暗与变亮模式主要使当前图层素材的颜色整体变暗或变亮。其中变暗模式主要是将白背景去掉，从而降低亮度值，如图 4-50 所示；而变亮模式与变暗模式相反，通过选择基础色与混合色中较明亮的颜色作为结果颜色，从而提高画面的颜色亮度，如图 4-51 所示。

图 4-50　变暗模式效果　　　　　　　　图 4-51　变亮模式效果

3. 叠加与差值模式

叠加与差值模式主要用于两个图像间像素上的叠加与差值。其中叠加模式可以根据底部图层的颜色，通过对图层像素的叠加或覆盖，在不替换颜色的同时反映颜色的亮度或暗度，如图 4-52 所示；而差值模式则是从基色或混合色中相互减去，对于每个颜色通道，当不透明度为 100% 时，当前图层的白色区域会进行反转，黑色区域不会有变化，白色与黑色之间会有不同程度的反转效果，如图 4-53 所示。

图 4-52　叠加模式效果　　　　　　　　　　图 4-53　差值模式效果

4. 颜色与模板 Alpha 模式

　　颜色模式通过叠加的方式来改变底部图层颜色的色相、明度及饱和度，既能保证原有颜色的灰度细节，又能为黑白色或不饱和图像上色，从而产生不同的叠加效果，如图 4-54 所示；模板 Alpha 模式通常利用本身的 Alpha 通道与底部图层的内容相叠加，将底部图层都显示出来，如图 4-55 所示。

图 4-54　颜色模式效果　　　　　　　　　　图 4-55　模板 Alpha 模式效果

4.6　图层样式

　　通过图层样式可以为图层中的图像添加多种效果，如投影、内发光、浮雕、叠加和描边等效果。

4.6.1　设置图层样式

　　要对图层设置图层样式，可以使用如下两种常用方法。

🖢 在"时间轴"面板中选中需要设置图层样式的图层，然后选择"图层"|"图层样式"菜单命令，在弹出的子菜单中选择所需图层样式，如图 4-56 所示。

🖢 在"时间轴"面板中右击需要设置图层样式的图层，然后在弹出的快捷菜单中选择图层样式，如图 4-57所示。

图 4-56　使用菜单命令设置图层样式

图 4-57　右键设置图层样式

4.6.2　图层样式解析

After Effects 提供了多种类型的图层样式,包括投影样式、发光样式、浮雕样式、叠加样式和描边样式等。

1. 投影与内阴影样式

制作影视特效时,为达到更好的视觉效果,可以为图像添加投影与内阴影效果。使用投影与内阴影样式可以按照对应图层中图像的边缘形状,为图像添加投影或内阴影效果。添加投影与内阴影样式后的效果分别如图 4-58 和图 4-59 所示。

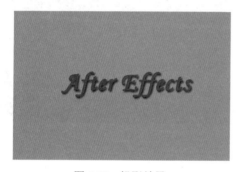

图 4-58　投影效果

图 4-59　内阴影效果

2. 外发光与内发光样式

使用外发光与内发光样式可以按照图层中图像的边缘形状,为图像添加外发光与内发光效果。添加外发光与内发光样式后的效果分别如图 4-60 和图 4-61 所示。

图 4-60　外发光效果

图 4-61　内发光效果

After Effects 2022 影视特效标准教程(微课版)(全彩版)

3. 斜面和浮雕样式

使用斜面和浮雕样式可以按照图层中图像的边缘形状，为图像添加斜面和浮雕效果，如图 4-62 所示是内斜面效果。在图层列表中，还可以在"样式"下拉列表中选择其他浮雕样式，如图 4-63 所示。

图 4-62　内斜面效果　　　　　　　　　　图 4-63　选择浮雕样式

4. 颜色叠加与渐变叠加样式

使用颜色叠加与渐变叠加样式可以按图层中图像的形状，为图像添加相应的颜色与渐变颜色效果。添加颜色叠加与渐变叠加样式后的效果分别如图 4-64 和图 4-65 所示。

图 4-64　黄色颜色叠加效果　　　　　　　图 4-65　渐变叠加效果

5. 光泽与描边样式

使用光泽与描边样式可以按图层中图像的形状，为图像添加光泽和相应的描边，得到不同的光泽与描边效果。添加光泽与描边样式后的效果分别如图 4-66 和图 4-67 所示。

图 4-66　黄色光泽效果　　　　　　　　　图 4-67　黄色描边效果

4.7　本章小结

　　本章主要讲解了 After Effects 图层的创建与设置。首先对图层的作用和类型进行了介绍，然后学习了图层的创建与编辑、图层的管理、图层属性的设置、图层混合模式的设置、图层样式的设置等操作。通过本章的学习，读者可以全面认识图层的作用及创建与编辑方法，从而适应不同的后期制作需求。

4.8　思考和练习

　　1. 在 After Effects 中，图层的作用是什么？
　　2. After Effects 的图层类型有哪些？
　　3. 分别练习创建素材图层、文字图层、纯色图层等。
　　4. 创建几类图层，然后对图层的属性进行修改。
　　5. 创建多个素材图层，然后对图层的混合模式和图层样式进行修改。

After Effects 2022 影视特效标准教程（微课版）（全彩版）

第5章 关键帧动画

　　关键帧是指角色或物体发生位移或变形等变化时，关键动作所在的那一帧，它是动画创作的关键，可以帮助用户实现角色或物体由静止向运动的转变。本章将介绍关键帧的创建及编辑等相关知识，并讲解调节关键帧的方法和技巧。

本章学习目标

掌握创建关键帧动画的方法
掌握基本类型动画的创建方法

掌握编辑关键帧的方法
掌握创建和修改动画路径的方法

5.1 创建关键帧动画

在学习关键帧动画前，用户需要了解什么是关键帧，如何创建关键帧动画。本节将介绍关键帧的概念以及创建关键帧动画的方法。

5.1.1 关键帧动画概念

帧是动画中最小单位的单幅影像画面，相当于电影胶片上的每一格镜头。在动画软件的时间轴上，帧表现为一格或一个标记。关键帧相当于二维动画中的原画，指角色或物体在运动或变化中的关键动作所处的那一帧。关键帧与关键帧之间的动画可以由软件来创建，叫作过渡帧或中间帧。

所谓关键帧动画，就是给需要动画效果的属性，准备一组与时间相关的值，这些值都是在动画序列中比较关键的帧中提取出来的；而其他时间帧中的值，可以用这些关键值，采用特定的插值方法计算得到，从而达到比较流畅的动画效果。任何动画要表现运动或变化，至少前后要给出两个不同的关键状态，而中间状态的变化和衔接，可以由计算机自动完成，表示关键状态的帧动画叫作关键帧动画。

使用关键帧可以创建动画、效果和音频属性，以及其他一些随时间变化而变化的属性。关键帧标记指示设置属性的位置，如空间位置、不透明度或音频的音量。关键帧之间的属性数值会被自动计算出来。当使用关键帧创建随时间而产生变化的动画时，至少需要两个关键帧，一个处于变化的起始位置的状态，而另一个处于变化的结束位置的新状态。使用多个关键帧时，可以通过复制关键帧属性进行变化效果的复制。

5.1.2 创建关键帧

After Effects 中的关键帧动画主要是在"时间轴"面板中进行制作的，在图层的"变换"属性下有多种属性的可选项，通过设置这些属性来调整对象，改变对象的状态。在需要创建动画效果时，通过在不同时间位置创建关键帧，并设置不同的属性值，即可产生对象的运动效果。

单击图层属性左侧的"关键帧控制器"按钮，关键帧动画就会被激活，在属性左侧将显示用于添加／删除或切换关键帧的控件按钮，如图 5-1 所示。此后，在"时间轴"面板中更改相关属性的值，或在"合成"面板中调整物体的位置或形态，都将被记录成为关键帧，并在相应的时间位置出现一个关键帧图标，如图 5-2 所示。

图 5-1　创建关键帧

图 5-2　关键帧

关键帧控件按钮的作用如下。

- 上一个关键帧：单击该按钮，将移到上一个关键帧位置。
- 添加或移除关键帧◆：单击该按钮，将在当前时间添加一个关键帧，或删除当前时间的关键帧。
- 下一个关键帧▶：单击该按钮，将移到下一个关键帧位置。

 知识点滴：

按 Alt+Shift+P 组合键可以在当前时间位置添加或删除位置关键帧。

5.1.3 播放动画

创建好关键帧动画后，在不同关键帧之间拖动时间指示器，可以预览相应的关键帧动画效果。用户也可以选择"窗口"|"预览"菜单命令，打开"预览"面板，对创建的关键帧动画进行播放控制，如图 5-3 所示。

"预览"面板中常用选项的作用如下。

- 播放 / 停止▶：播放或停止合成中的影片。
- 第一帧◀：转到影片的第一帧，即开始位置。
- 最后一帧▶：转到影片的最后一帧，即结束位置。
- 上一帧◀：转到当前位置的上一帧。
- 下一帧▶：转到当前位置的下一帧。
- 快捷键：用户可根据个人习惯在其下拉列表中选择预览影片的快捷键，如图 5-4 所示。

图 5-3 "预览"面板

图 5-4 选择快捷键

 知识点滴：

在默认情况下，按空格键可以对动画效果进行预览。

5.2 动画基本类型

在"时间轴"面板中展开图层的"变换"属性，可以对变换的各个属性进行关键帧设置，从而制作出相应的动画效果，包括缩放、旋转对象等基本效果，如图 5-5 所示。

图 5-5　创建关键帧动画

5.2.1 位移动画

在 After Effects 中，可以通过修改素材的"锚点"或"位置"参数制作素材的移动效果。

1. 通过"锚点"制作位移动画

在"时间轴"面板中展开图层的"变换"属性，单击"锚点"属性前的"关键帧控制器"按钮，将开启"锚点"属性的动画功能，如图 5-6 所示。

图 5-6　开启"锚点"动画功能

在"时间轴"面板中的不同时间点对物体锚点进行调整，就会得到物体的运动效果，如图 5-7 和图 5-8 所示。

图 5-7　调整锚点（一）

图 5-8　调整锚点（二）

知识点滴：

在 After Effects 中，虽然修改素材的"锚点"可以移动素材对象，但"锚点"功能主要用于修改素材的定位点位置，例如，在以对象中心点旋转对象时就需要用到该选项，而制作素材的运动效果通常使用"位置"功能。

2. 通过"位置"制作位移动画

在"时间轴"面板中展开图层的"变换"属性，单击"位置"属性前的"关键帧控制器"按钮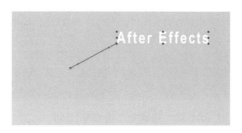 ，将开启"位置"属性的动画功能，如图 5-9 所示。在"时间轴"面板中的不同时间点对物体位置进行调整，就会得到位置关键帧的动画，在"合成"面板中将会生成一条显示运动轨迹的控制线，如图 5-10 所示。

图 5-9　开启"位置"动画功能　　　　　　图 5-10　动画轨迹

 知识点滴：

通过修改"位置"选项制作对象的运动效果时，其锚点 (即定位点) 与对象的相对位置没有发生变化；而修改"锚点"选项时，对象与锚点 (即定位点) 的相对位置发生了变化，使其产生了运动效果。

设置好"位置"关键帧后，在"合成"面板中选取对象的关键帧，可以对关键帧进行调整，从而改变对象的运动轨迹，如图 5-11 所示。

图 5-11　调整位置关键帧动画

 知识点滴：

按 Alt+Shift+P 组合键，可以在当前时间位置添加或删除"位置"关键帧。

5.2.2 缩放动画

在"缩放"属性中可以创建缩放关键帧动画，设置方法与位置关键帧动画相同。设置关键帧后，在不同的关键帧之间进行移动，可以预览缩放效果，如图 5-12 和图 5-13 所示。

图 5-12　缩放关键帧动画（一）　　　　　图 5-13　缩放关键帧动画（二）

知识点滴：

按 Alt+Shift+S 组合键，可以在当前时间位置添加或删除缩放关键帧。

5.2.3 旋转动画

在"旋转"属性中可以创建旋转关键帧动画，在不同的时间点设置关键帧并修改"旋转"属性值，即可创建旋转关键帧动画，如图 5-14 和图 5-15 所示。

图 5-14　旋转关键帧动画（一）　　　　　图 5-15　旋转关键帧动画（二）

知识点滴:

按 Alt+Shift+R 组合键，可以在当前时间位置添加或删除旋转关键帧。

在设置旋转的过程中，将素材的锚点设置在不同的位置，其旋转的轴心也不同，从而得到的旋转效果也不同。例如，将锚点设置在文字左下角进行文字旋转操作时，效果如图 5-16 所示，将锚点设置在文字中心位置进行文字旋转操作时，效果如图 5-17 所示。

图 5-16　旋转效果 (一)

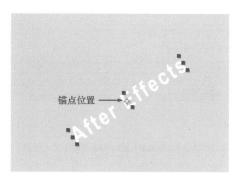

图 5-17　旋转效果 (二)

5.2.4　淡入淡出动画

在"不透明度"属性中可以创建淡入淡出动画。在不同的时间点设置关键帧并修改"不透明度"属性值，即可创建淡入淡出动画，如图 5-18 和图 5-19 所示。

图 5-18　不透明度关键帧动画 (一)

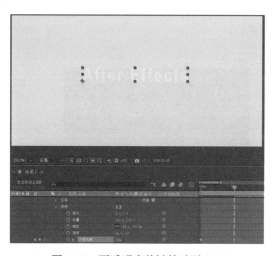

图 5-19　不透明度关键帧动画 (二)

知识点滴:

按 Alt+Shift+T 组合键，可以在当前时间位置添加或删除不透明度关键帧。

练习实例：飞行的战机

文件路径	第 5 章 \ 飞行的战机
技术掌握	关键帧的设置，位移、缩放、旋转动画的制作

01 新建一个项目，然后选择"文件"|"导入"|"文件"菜单命令，在打开的"导入文件"对话框中选择"战机 .psd"文件，并单击"导入"按钮，如图 5-20 所示。

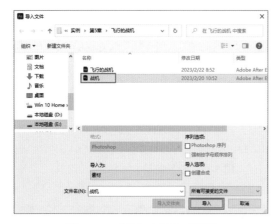

图 5-20　"导入文件"对话框

02 在打开的"战机 .psd"对话框中设置导入种类为"合成 - 保持图层大小"，在"图层选项"选项组中选中"合并图层样式到素材"单选按钮，如图 5-21 所示。

图 5-21　设置导入种类和图层选项

03 在"战机 .psd"对话框中单击"确定"按钮，将素材分层导入"项目"面板中，同时导入一个合成对象，如图 5-22 所示。

04 在"项目"面板中选择"战机"合成，然后选择"合成"|"合成设置"菜单命令，打开"合成设置"对话框，设置持续时间为 0:00:10:00(即 10 秒)，然后单击"确定"按钮，如图 5-23 所示。

图 5-22　导入素材

图 5-23　设置持续时间

05 双击"项目"面板中的合成对象，将在"时间轴"面板中添加合成对象的各个图层，如图 5-24 所示，在"合成"面板将显示合成效果，如图 5-25 所示。

图 5-24　添加对象图层

图 5-25　合成效果

06 在"尾部火焰1"和"尾部火焰2"图层的"父级和链接"下拉列表中选择"1.战机"选项,使其随着"1.战机"图层的变化而变化,如图5-26所示。

图5-26　设置"父级和链接"选项

07 选择"战机"图层,展开"变换"选项组,在第0秒的位置单击"位置"属性前面的"关键帧控制器"按钮，开启位置动画功能,在该时间位置将自动添加一个关键帧,然后设置该关键帧的位置参数,如图5-27所示,在该关键帧处将战机对象调整在画面右方,如图5-28所示。

图5-27　添加并设置关键帧

图5-28　图像效果

08 单击"缩放"和"旋转"属性前面的"关键帧控制器"按钮，然后设置"缩放"和"旋转"参数,如图5-29所示,对图像进行缩放和旋转操作后的效果如图5-30所示。

图5-29　添加并设置关键帧

图5-30　图像效果

09 将时间指示器移到第2秒的位置,然后单击"位置"属性前面的"添加或移除关键帧"按钮，在此时间添加一个关键帧,并修改该关键帧的"位置"参数,将战机移到画面中间,如图5-31所示,可以在"合成"面板中看到一条运动的轨迹,如图5-32所示。

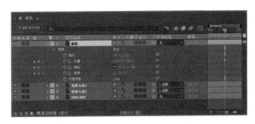

图5-31　添加并设置关键帧

图5-32　图像效果

10 分别为"缩放"和"旋转"属性添加一个关键帧,然后设置"缩放"和"旋转"参数,如图5-33所示,对图像进行缩放和旋转操作后的效果如图5-34所示。

图5-33　添加并设置关键帧

图 5-34　图像效果

11 将时间指示器移到第 4 秒的位置，为"位置"属性添加一个关键帧，然后设置"位置"参数，如图 5-35 所示，将战机移到左方屏幕外，如图 5-36 所示。

图 5-35　添加并设置关键帧

图 5-36　图像效果

12 分别为"缩放"和"旋转"属性添加一个关键帧，然后设置"缩放"和"旋转"参数，如图 5-37 所示。

图 5-37　添加并设置关键帧

13 在"合成"面板中拖动关键帧的手柄，对关键帧路径进行调整，使其变为平滑运动轨道，如图 5-38 所示。

图 5-38　拖动关键帧手柄

14 按空格键对影片进行播放，在"合成"面板中可以预览战机的运动效果，如图 5-39 所示。

图 5-39　战机运动效果

5.3　编辑关键帧

在制作影视动画的过程中，除了需要创建关键帧外，通常还需要对关键帧进行修改和删除等操作。

5.3.1　选择关键帧

创建好关键帧后，可以对单个关键帧或多个关键帧进行选择，其方法如下。

- 在"时间轴"面板中单击需要选择的关键帧即可将其选中。
- 如果需要同时选中多个关键帧，可以按住 Shift 键，逐个选择多个关键帧。
- 按住并拖动鼠标画出一个选择框，将需要选择的关键帧包含其中，如图 5-40 所示，松开鼠标即可将包含的关键帧选中，如图 5-41 所示。

After Effects 2022 影视特效标准教程（微课版）（全彩版）

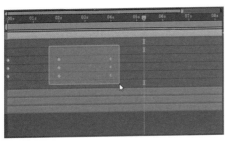
图 5-40　框选的关键帧

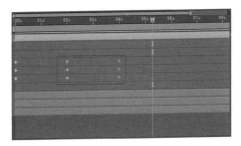
图 5-41　选中多个关键帧

5.3.2　复制关键帧

　　选中需要复制的关键帧，然后选择"编辑"|"复制"菜单命令，如图 5-42 所示，再将时间指示器移至需要粘贴关键帧的时间位置，最后选择"编辑"|"粘贴"菜单命令，即可将复制的关键帧粘贴至指定位置，如图 5-43 所示。

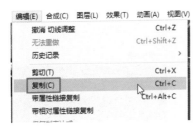
图 5-42　选择"复制"命令

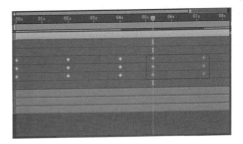
图 5-43　复制关键帧

知识点滴：

　　选中需要复制的关键帧，然后按 Ctrl+C 组合键进行复制，将时间指示器移到需要粘贴的位置后，再按 Ctrl+V 组合键进行粘贴，也可以进行关键帧的复制和粘贴操作。

5.3.3　修改关键帧

　　在 After Effects 中进行动画编辑的操作中，可以对关键帧进行以下两种修改操作。
　　◐将时间指示器移至需要修改的关键帧位置，然后修改对应的参数，即可对关键帧参数进行修改。
　　◐选择关键帧，然后在"时间轴"面板中对其进行拖动，可以修改关帧键的时间位置，如图 5-44 和图 5-45 所示。

知识点滴：

　　如果时间指示器所在时间位置无关键帧，修改属性参数时将会创建新的关键帧。

77

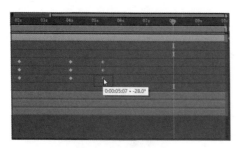

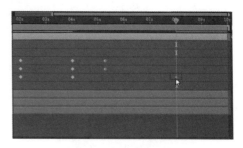

图 5-44　选择关键帧　　　　　　　　　图 5-45　移动关键帧

5.3.4　设置关键帧插值

通过设置关键帧插值，可以使物体的运动变得更加平滑、真实。在"时间轴"面板中右击关键帧，在弹出的快捷菜单中选择"关键帧插值"命令，如图 5-46 所示，将打开"关键帧插值"对话框，如图 5-47 所示。

图 5-46　选择"关键帧插值"命令　　　　图 5-47　"关键帧插值"对话框

在"关键帧插值"对话框的"临时插值"下拉列表中可以选择调整关键帧的临时插值，其中包括"线性""贝塞尔曲线""连续贝塞尔曲线""自动贝塞尔曲线"和"定格"选项，如图 5-48 所示；在"空间插值"下拉列表中可以选择调整关键帧的空间插值，其中包括"线性""贝塞尔曲线""连续贝塞尔曲线"和"自动贝塞尔曲线"选项，如图 5-49 所示。

图 5-48　选择临时插值　　　　　　　图 5-49　选择空间插值

知识点滴:

临时插值和空间插值的区别在于:临时插值体现在时间轴中,只是影响属性随着时间的变化方式;空间插值在合成和图层面板中都有体现,影响着路径的形状。

5.3.5 删除关键帧

如果要删除关键帧,可以使用如下 3 种方法进行删除。

- 将时间指示器移到关键帧所在的时间位置,然后单击"添加或移除关键帧"按钮 即可将其删除。
- 选中关键帧,按 Backspace 键即可将其删除。
- 选中关键帧,按 Delete 键即可将其删除。

知识点滴:

如果要删除某个属性中的所有关键帧,可以单击属性名称前面的"关键帧控制器"按钮 ,将该属性中的所有关键帧删除。

5.4 动画运动路径

在 After Effects 中,一般使用贝塞尔曲线来控制路径的轨迹和形状。在"合成"面板中使用"钢笔工具"可以创建和修改动画路径的曲线。

练习实例:飘动的羽毛	
文件路径	第 5 章 \ 飘动的羽毛
技术掌握	关键帧的创建与设置、动画运动路径的调整

01 新建一个项目,然后选择"文件"|"导入"|"文件"菜单命令,在打开的"导入文件"对话框中选择"背景 .mp4"和"羽毛 .tif"文件,并单击"导入"按钮,如图 5-50 所示。将所选素材导入"项目"面板中,如图 5-51 所示。

02 选择"合成"|"新建合成"菜单命令,在打开的"合成设置"对话框中设置合成的宽度、高度和持续时间,然后进行确定,如图 5-52 所示。

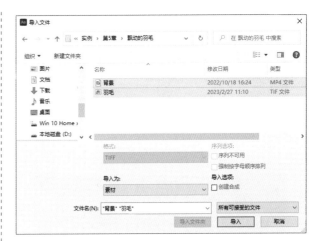

图 5-50　选择并导入素材

After Effects 2022 影视特效标准教程（微课版）（全彩版）

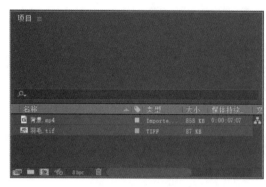

图 5-51　导入素材

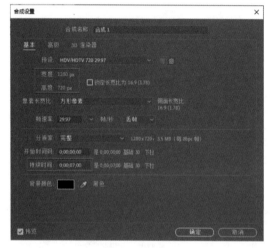

图 5-52　新建合成

03 将导入的素材依次添加到"时间轴"面板的图层列表中，将"羽毛"图层调到上方，如图 5-53 所示，在"合成"面板中的合成效果如图 5-54 所示。

图 5-53　添加对象图层

图 5-54　合成效果

04 选择"羽毛"图层，展开"变换"选项组，在第 0 秒的位置单击"位置"和"旋转"属性前面的"关键帧控制器"按钮 ，开启位置和旋转动画功能，在该时间位置将自动添加一个关键帧，然后设置位置参数如图 5-55 所示，调整图像位置后的效果如图 5-56 所示。

图 5-55　开启位置和旋转动画功能

图 5-56　图像效果

05 将时间指示器移到第 6 秒 29 帧的位置，单击"位置"和"旋转"属性前面的"添加或移除关键帧"按钮 ，然后设置"位置"和"旋转"参数，如图 5-57 所示，对图像进行调整后的效果如图 5-58 所示。

图 5-57　添加并设置关键帧

图 5-58　调整图像后的效果

06 按空格键对影片进行播放，在"合成"面板中可以预览羽毛飘动的效果，如图5-59所示。

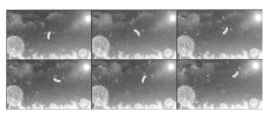

图 5-59　羽毛飘动效果

07 在"工具"面板中单击"钢笔工具"下拉按钮，在弹出的下拉面板中选择"添加'顶点'工具" ，如图 5-60 所示。

图 5-60　选择"添加'顶点'工具"

08 在"合成"面板中的运动路径上单击，可以增加一个顶点，如图5-61所示，在顶点对应的时间点的位置将自动生成新的关键帧，如图5-62所示。

09 在"工具"面板中选择"选取工具" ，然后拖动路径的顶点，可以对当前路径的形状进行调整，如图5-63所示。

10 按空格键对影片进行播放，在"合成"面板中可以预览调整羽毛路径后的运动效果，如图5-64所示。

图 5-61　为路径添加顶点

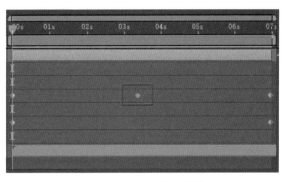

图 5-62　自动添加关键帧

图 5-63　调整路径

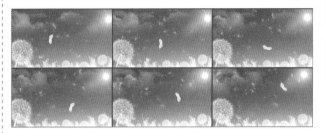

图 5-64　羽毛运动效果

知识点滴：

　　如果在"合成"面板中没有显示运动路径，可以在图层列表中选择"位置"选项，即可在"合成"面板中显示对象的运动路径。

5.5　本章小结

　　本章主要讲解了在 After Effects 中如何创建与设置关键帧动画。首先介绍了创建关键帧动画的基本方法，然后讲解了 After Effects 的动画基本类型，最后讲解了 After Effects 关键帧的编辑和动画运动路径的创建与设置。通过本章的学习，读者可以将静止的角色或物体制作为运动对象，从而产生丰富的视觉效果。

5.6　思考和练习

1. 在 After Effects 中，如何添加或删除关键帧？

2. After Effects 的动画基本类型有哪些？

3. 如何复制需要的关键帧及属性。

4. 制作一段关键帧动画，其中包含位移、缩放、旋转和不透明度变换。

5. 创建一段关键帧动画，并调整其动画曲线。

After Effects 2022 影视特效标准教程（微课版）（全彩版）

第6章 蒙版与形状

　　在 After Effects 中，为了便于修改影视图像效果，通常会运用到蒙版功能，使用蒙版可以将图层的一部分遮盖或去除，从而突出或抹去一部分内容。蒙版的绘制与编辑和形状相似，都可以通过形状工具进行操作。本章主要介绍蒙版的概念、蒙版与形状的区别、蒙版与形状的创建与修改、蒙版属性的设置等内容。

本章学习目标

认识蒙版
掌握蒙版与形状的创建方法
掌握蒙版与形状的修改方法

掌握蒙版属性的设置方法
掌握蒙版动画的制作方法

6.1　认识蒙版

在制作影视图像效果时，为了便于后面修改，通常会运用到蒙版功能。本节将介绍蒙版的概念以及蒙版与形状图层的区别。

● 6.1.1　蒙版概念

蒙版在 After Effects 中是一种依附于图层存在的路径，可以是开放的，也可以是闭合的，通过蒙版层中的图形或轮廓对象透出下面图层中的内容。蒙版可以绘制在图层中，一个图层可以包含多个蒙版。虽然是一个图层，但也可以将其理解为两层，一个是轮廓层（即蒙版层）；另一个是被蒙版层（即蒙版下方的图像层）。

蒙版层的轮廓形状决定看到的图像形状，而被蒙版层则决定看到的内容。

● 6.1.2　蒙版与形状的区别

蒙版不是独立的图层，其作为属性依附于图层而存在，与图层的效果、变换等属性一样，如图 6-1 所示。用户可以通过修改蒙版属性来改变图层的显示效果，也可以对蒙版路径添加描边、填充等效果。

形状图层是独立的图层，常用于制作各种各样的图形效果。一个形状图层可以单独存在，也可以包含很多图形，如图 6-2 所示。

图 6-1　图层中的蒙版　　　　　　　　图 6-2　形状图层

6.2　创建蒙版与形状

在 After Effects 中，提供了多种创建蒙版与形状的方法，较为常用的方法是使用"工具"面板中的形状工具（如图 6-3 所示）和钢笔工具（如图 6-4 所示）绘制蒙版与形状。使用形状工具可以绘制多种规则的蒙版与形状；使用钢笔工具可以绘制不规则的蒙版与形状。

图 6-3　形状工具　　　　　　　　　　图 6-4　钢笔工具

在 After Effects 中可以绘制多种规则的和不规则的蒙版，下面讲解绘制各种蒙版的操作。

1. 绘制矩形蒙版

使用"矩形工具"可以绘制正方形和长方形蒙版。选择要创建蒙版的图层，然后在"工具"面板中选择"矩形工具"，接着在"合成"面板中单击并拖动光标至合适位置，释放鼠标即可得到矩形蒙版，如图 6-5 所示，在图层列表中将显示创建的蒙版，如图 6-6 所示。

图 6-5 创建矩形蒙版　　　　　　　　图 6-6 生成蒙版

 知识点滴：

在绘制蒙版时，先要选择添加蒙版的图层，如果没有选择图层，绘制形状时将生成新的形状图层。

继续使用"矩形工具"绘制多个矩形蒙版，如图 6-7 所示；按住 Shift 键的同时拖动光标，可以绘制正方形蒙版，如图 6-8 所示。

图 6-7 绘制多个蒙版　　　　　　　　图 6-8 绘制正方形蒙版

 知识点滴：

绘制的蒙版除了蒙版图形内为原有的图层图像外，其余部分均不可显示，代表当前蒙版的选区在此形状之内。

2. 绘制圆角矩形蒙版

使用"圆角矩形工具"可以绘制具有圆角的矩形蒙版，效果如图 6-9 所示。其绘制方法与"矩形工具"相同，配合 Shift 键可以绘制圆角正方形蒙版，效果如图 6-10 所示。

图 6-9　绘制圆角矩形蒙版　　　　　　图 6-10　绘制圆角正方形蒙版

3. 绘制椭圆与圆形蒙版

使用"椭圆工具"可以绘制椭圆蒙版，效果如图 6-11 所示。其绘制方法与"矩形工具"相同，配合 Shift 键可以绘制圆形蒙版，效果如图 6-12 所示。

图 6-11　绘制椭圆蒙版　　　　　　　图 6-12　绘制圆形蒙版

4. 绘制多边形蒙版

使用"多边形工具"可以绘制具有多个边角的集合形状蒙版。选择"多边形工具"，先在图像上单击确定多边形的中心点，然后拖动光标至合适位置释放鼠标，即可得到多边形蒙版，效果如图 6-13 所示；配合 Shift 键可以绘制正多边形蒙版，效果如图 6-14 所示。

图 6-13　绘制多边形蒙版　　　　　　图 6-14　绘制正多边形蒙版

5. 绘制星形蒙版

使用"星形工具"可以绘制星星形状的蒙版，效果如图 6-15 所示。其绘制方法与"多边形工具"相同，配合 Shift 键可以绘制正星形蒙版，效果如图 6-16 所示。

图 6-15　绘制星形蒙版　　　　　　　　图 6-16　绘制正星形蒙版

6. 绘制不规则蒙版

使用形状工具组中的工具只能绘制一些规则的蒙版，如果要绘制任意形状的蒙版，就需要使用钢笔工具。

使用"钢笔工具"可以绘制任意形状的蒙版。选择要创建蒙版的图层，然后在"工具"面板中选择"钢笔工具"，接着在"合成"面板中依次单击创建锚点，如图 6-17 所示，当锚点首尾相连时即可完成蒙版的绘制，如图 6-18 所示。

图 6-17　创建锚点　　　　　　　　　　图 6-18　绘制不规则的蒙版

 知识点滴:

在 After Effects 中不方便绘制过于复杂的蒙版路径，当需要绘制复杂的蒙版路径时，可以先在 Photoshop 或 Illustrator 中绘制完成后，再导入 After Effects。

6.2.2　绘制形状

绘制形状与绘制蒙版的操作相似，区别在于：蒙版是依附于图层存在的，因此在绘制蒙版时，首先需

要选中所需创建蒙版的图层；而形状是独立存在的图层，因此在绘制形状时，不能选择任何图层。

在不选择任何图层的情况下，使用形状工具或钢笔工具在"合成"面板中绘制所需图形（如图 6-19 所示的矩形），即可创建一个形状，在图层列表中将显示创建的形状图层，如图 6-20 所示。

图 6-19　绘制矩形

图 6-20　形状图层

6.3　修改蒙版与形状

在"工具"面板的钢笔工具组中除了可以使用钢笔工具绘制蒙版与形状外，还可以选择其他工具对蒙版与形状进行修改，其中包括"添加'顶点'工具""删除'顶点'工具""转换'顶点'工具"和"蒙版羽化工具"，如图 6-21 所示。

图 6-21　钢笔工具组

知识点滴：

修改蒙版与形状的操作相似，只是在修改规则形状时，不能对形状中的单个顶点进行修改，只能修改其整体形状的大小或长宽；而修改规则蒙版时，可以对单个顶点进行修改，还可以添加或删除某个顶点，本节以修改蒙版为例，对蒙版与形状的修改操作进行讲解。

6.3.1　调整蒙版形状

在创建蒙版后，可以观察到有顶点分布在蒙版周围，用户可以通过调节这些顶点来调整蒙版形状的效果。

首先使用"选取工具"选中蒙版所在的图层，可以看到当前蒙版有哪些顶点，如图 6-22 所示，然后单击所要调整的顶点，被选中的顶点会变为实心正方形的状态，此时进行拖移等操作，蒙版形状将会发生相应的变化，如图 6-23 所示。

图 6-22 选取蒙版

图 6-23 通过顶点调整蒙版形状

 知识点滴：

如果不选取某一个特定的顶点，而是选取某条边，或框选某几个顶点，也可对蒙版做出调整。按住 Shift 键的同时移动控制点时，可以将控制点沿水平或垂直方向移动。

6.3.2 添加顶点

选择"添加'顶点'工具"，在已有的蒙版形状上的合适位置单击，即可添加新的顶点，如图 6-24 所示，拖动顶点，即可调整蒙版形状，如图 6-25 所示。

图 6-24 单击并添加顶点

图 6-25 调整蒙版形状

6.3.3 删除顶点

选择"删除'顶点'工具"，然后单击需要删除的顶点，即可删除该顶点，如图 6-26 所示，删除顶点时，蒙版形状会发生相应的变化，如图 6-27 所示。

图 6-26　单击删除顶点　　　　　　　　图 6-27　蒙版形状发生变化

● 6.3.4　转换顶点

蒙版形状上的顶点有两种：角点与曲线点。使用"转换'顶点'工具"可以使这两种顶点互相转换。选择"转换'顶点'工具"，在拖动顶点时，可以激活调节方向杆，然后通过调整顶点进行形状的调整。

将角点转换为曲线点：选择"转换'顶点'工具"，单击并拖动蒙版上的顶点，如图 6-28 所示，即可将当前的角点转换为曲线点，如图 6-29 所示。

图 6-28　单击并拖动顶点　　　　　　　　图 6-29　角点转换为曲线点

将曲线点转换为角点：选择"转换'顶点'工具"，单击蒙版上的曲线顶点，如图 6-30 所示，即可将当前的曲线点转换为角点，如图 6-31 所示。

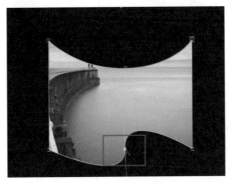

图 6-30　单击曲线顶点　　　　　　　　图 6-31　曲线点转换为角点

知识点滴:

选择"蒙版羽化工具",在蒙版路径上单击,可增加一个蒙版羽化的控制点,拖动该点可以对蒙版边缘的羽化程度进行调节,如图6-32所示。

图6-32　蒙版边缘羽化

6.4　设置蒙版属性

创建好蒙版后,用户可以在"时间轴"面板的"蒙版"选项组中对蒙版属性进行设置,包括蒙版路径、蒙版羽化、蒙版不透明度、蒙版扩展以及蒙版混合模式等属性的设置,如图6-33所示。

图6-33　蒙版属性

6.4.1　设置蒙版路径

在属性列表中单击"蒙版路径"右侧的"形状…"按钮,可以在打开的"蒙版形状"对话框中对蒙版尺寸进行精确设置,如图6-34所示,在"形状"选项组中选中"重置为"复选框,然后单击右方的下拉列表,可以在弹出的列表中更改蒙版形状,如图6-35所示。

图6-34　"蒙版形状"对话框

图6-35　更改蒙版形状

图 6-36 和图 6-37 所示是将左下方的鸟儿蒙版分别设置为矩形蒙版和椭圆蒙版的效果。

图 6-36　矩形蒙版

图 6-37　椭圆蒙版

6.4.2　蒙版羽化

　　蒙版羽化功能与"蒙版羽化工具"相似，用于对蒙版的边缘进行虚化处理。默认情况下，蒙版的边缘不带有任何羽化效果，用户可以通过设置"蒙版羽化"选项右侧的数值对蒙版边缘进行羽化处理。图 6-38 和图 6-39 所示分别为不同蒙版羽化值的效果。

图 6-38　羽化值为 20

图 6-39　羽化值为 100

6.4.3　蒙版不透明度

　　默认情况下，蒙版中的图像完全显示，而蒙版外的图像完全不显示。如果想调整蒙版中图像的透明效果，可以通过"蒙版不透明度"属性进行调整。图 6-40 和图 6-41 所示分别为不同的蒙版不透明度的效果。

图 6-40　蒙版不透明度为 80%

图 6-41　蒙版不透明度为 40%

After Effects 2022 影视特效标准教程（微课版）（全彩版）

知识点滴：

蒙版不透明度只影响图层上蒙版内的区域图像，不会影响蒙版外的图像。

6.4.4 蒙版扩展

"蒙版扩展"属性用于扩大或收缩蒙版的范围。设置该属性值为正值时，将对蒙版进行扩展；设置该属性值为负值时，将对蒙版进行收缩。图 6-42 和图 6-43 所示分别为扩展蒙版和收缩蒙版的效果。

图 6-42　扩展蒙版

图 6-43　收缩蒙版

6.4.5 设置蒙版混合模式

在"蒙版"右侧的下拉列表中可以选择蒙版的混合模式，从而达到特殊的效果，如图 6-44 所示。

图 6-44　蒙版混合模式选项

各种混合模式的含义如下。

- 无：选择此混合模式，绘制的蒙版路径不起蒙版作用，只作为路径存在。
- 相加：此选项为默认选项。如果在图像中绘制两个或两个以上的蒙版，选择此混合模式可看到两个或两个以上蒙版相加的效果，如图 6-45 所示。
- 相减：选择此混合模式，蒙版的显示会变成镂空的效果，如图 6-46 所示。
- 交集：绘制两个蒙版且都选择此混合模式，则两个蒙版产生交叉显示的效果，如图 6-47 所示。
- 变亮：此混合模式对于可视范围区域，与"相加"混合模式相同。但对于重叠处的图像则采用蒙版不透明度较高的值。

● 变暗：此混合模式对于可视范围区域，与"相减"混合模式相同。但对于重叠处的图像则采用蒙版不透明度较低的值。

● 差值：绘制两个蒙版且都选择此混合模式，则两个蒙版产生交叉镂空的效果，如图 6-48 所示。

图 6-45　相加模式

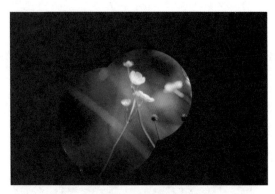

图 6-46　相减模式

图 6-47　交集模式

图 6-48　差值模式

 知识点滴：

选中"蒙版"右方的"反转"复选框，可以对蒙版进行反转，即将原本显示的图像隐藏起来，将原本隐藏的图像显示出来。

6.5　制作蒙版动画

蒙版动画是对蒙版的基本属性设置关键帧，用来突出图层中的某部分重点内容或表现某部分画面所制作的动画影片。对蒙版的形状、羽化、不透明度及扩展等参数值的调整都可以形成蒙版动画。

练习实例：生日快乐	
文件路径	第 6 章 \
技术掌握	创建蒙版、修改蒙版、制作蒙版动画

 新建一个项目，然后将所需素材导入"项目"面板中，如图 6-49 所示。

 选择"合成"|"新建合成"菜单命令,在打开的"合成设置"对话框中设置合成的宽度、高度和持续时

间，然后进行确定，如图 6-50 所示。

图 6-49　导入素材

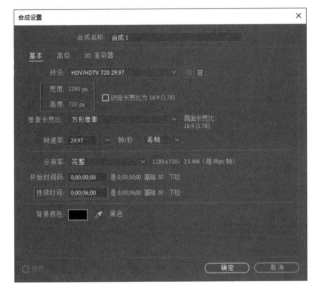

图 6-50　新建合成

03 将导入的素材依次添加到"时间轴"面板的图层列表中，将文字所在的图层调到上方，如图 6-51所示，在"合成"面板中的合成效果如图 6-52 所示。

04 选择"粉红背景"图层，然后使用"椭圆工具"在"合成"面板中绘制一个椭圆蒙版，如图 6-53 所示，在选择的图层中将自动生成一个蒙版，如图 6-54所示。

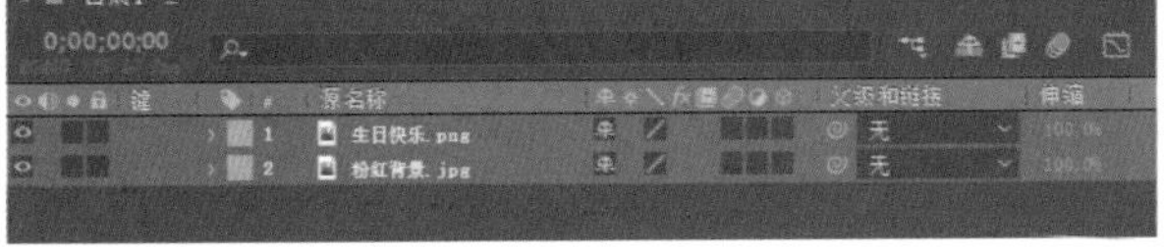

图 6-51　添加对象图层

图 6-52　合成效果

图 6-53　绘制椭圆蒙版

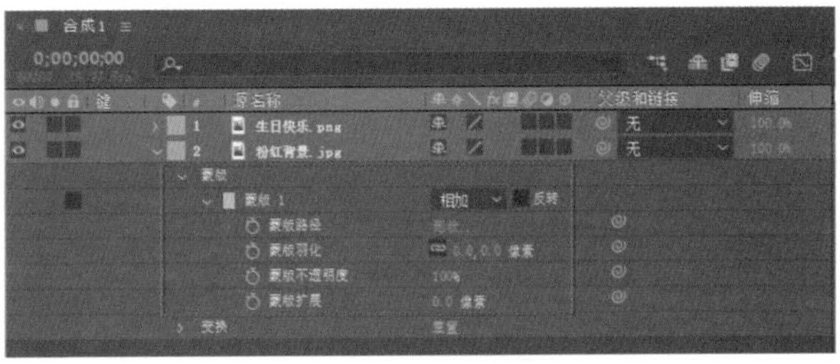

图 6-54　创建的蒙版

05 将时间指示器移至第 0 秒，单击"蒙版羽化""蒙版不透明度"和"蒙版扩展"属性前面的"关键帧控制器"按钮，开启相应的动画功能，然后设置该关键帧的参数如图 6-55 所示，此时的图像效果如图 6-56 所示。

图 6-55　设置蒙版关键帧（一）

图 6-56　图像效果（一）

06 将时间指示器移至第 2 秒，修改"蒙版羽化""蒙版不透明度"和"蒙版扩展"属性参数，并在该时间位置自动生成相应的关键帧，如图 6-57 所示，此时的图像效果如图 6-58 所示。

图 6-57　设置蒙版关键帧（二）

图 6-58　图像效果（二）

07 选择"生日快乐"图层，然后使用"矩形工具"在"合成"面板中绘制一个矩形蒙版，如图 6-59 所示。

图 6-59　绘制矩形蒙版

08 在图层列表中选择刚创建的蒙版对象，如图 6-60 所示，然后使用"选取工具"在"合成"面板中拖动蒙版的顶点，调整蒙版的形状，如图 6-61 所示。

图 6-60　选择蒙版

图 6-61　调整蒙版形状

09 将时间指示器移至第 3 秒，单击"蒙版路径"属性前面的"关键帧控制器"按钮 ⏱，开启相应的动画功能，并自动添加一个关键帧，如图 6-62 所示，然后使用"选取工具"在"合成"面板中将蒙版的右边线向左拖动，将文字图像完全隐藏，如图 6-63 所示。

图 6-62　设置关键帧（一）

10 将时间指示器移至第 5 秒，单击"蒙版路径"属性前面的"添加或移除关键帧"按钮 ◆，在该时间位置添加一个关键帧，如图 6-64 所示，然后使用"选取工具"在"合成"面板中将蒙版的右边线向右拖动，将文字图像完全显示，如图 6-65 所示。

图 6-63　调整蒙版右边线 (一)

图 6-64　设置关键帧 (二)

图 6-65　调整蒙版右边线 (二)

11 按空格键对影片进行播放，在"合成"面板中可以预览蒙版的动画效果，如图 6-66 所示。

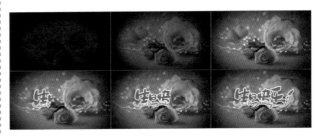

图 6-66　蒙版动画效果

6.6　本章小结

　　本章主要讲解了 After Effects 蒙版与形状的应用。首先介绍了蒙版的概念，然后讲述了蒙版与形状的创建与修改、蒙版属性的设置，以及制作蒙版动画等内容。通过本章的学习，读者可以快速掌握蒙版的使用技巧，制作独特的影像效果。

6.7　思考和练习

1. 如何理解 After Effects 中的蒙版？
2. 在 After Effects 中，蒙版与形状的区别是什么？
3. 在 After Effects 中，可以绘制哪些蒙版，各种蒙版如何绘制？
4. 在 After Effects 中，对蒙版的顶点可以进行哪些调整？
5. 创建两个不同形状的蒙版，并调整其混合方式，观察每个混合方式呈现的效果。

第7章 文本与文本动画

After Effects 中的文本属性可以帮助用户制作出丰富的文本动画效果，在各种视频剪辑和转场中，文本动画都是不可或缺的效果。本章将详细介绍 After Effects 中文本与文本属性，并通过这些属性组合出各种动画效果。

本章学习目标

掌握文本的创建方法
掌握文本格式的设置方法

掌握文本图层属性的设置方法
掌握文本动画控制器的应用

7.1 创建文本

After Effects 提供了较为完整的文本属性和功能，可以对文本进行专业的处理。与 Photoshop 的文本相似，After Effects 的文本创建也是基于单独的文本图层。在 After Effects 中可以使用文本图层和文本工具两种常用方式创建文本。

7.1.1 使用文本图层创建文本

选择"图层"|"新建"|"文本"菜单命令，或在"时间轴"面板的空白处右击，在弹出的快捷菜单中选择"新建"|"文本"命令，如图 7-1 所示，将在图层列表中创建新的文本图层，此时可以直接输入文字内容，如图 7-2 所示。

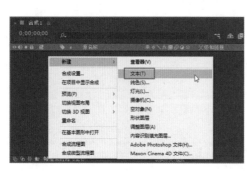

图 7-1　选择"新建"|"文本"命令

图 7-2　创建文本

7.1.2 使用文本工具创建文本

文本工具分为"横排文字工具"和"直排文字工具"两种。在"工具"面板中单击并按住一种文字工具按钮，可以在弹出的列表框中选择"横排文字工具"或"直排文字工具"，如图 7-3 所示。

选择一种文本工具后，在"合成"面板中单击并输入所需文本内容，即可创建文本对象，如图 7-4 所示。

图 7-4　创建文本

图 7-3　文本工具

After Effects 2022 影视特效标准教程（微课版）（全彩版）

知识点滴：

在"工具"面板中选择一种文字工具，然后在"合成"面板中单击并按住鼠标，拖动光标绘制一个矩形文本框，如图 7-5 所示，然后可以在指定的文本框中输入文本内容，如图 7-6 所示。

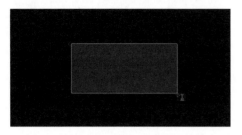

图 7-5　创建文本框

图 7-6　在文本框中输入文本

7.2　设置文本格式

创建好文本后，通常还需要设置文本的格式，包括文本字符格式和文本段落格式。

● 7.2.1　设置文本字符格式

在"字符"面板中可以调整文字的字符格式，包括文字大小、字体、颜色等基本参数，如图 7-7 所示。

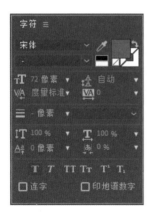

图 7-7　"字符"面板

 知识点滴：

如果在工作窗口中没有显示"字符"面板，可以选择"窗口"|"字符"菜单命令打开该面板。

1. 设置文字字体

"字符"面板的第一部分左方内容用于设置文字字体和字体样式，如图 7-8 所示。

图 7-8　设置文字字体和样式

● 设置字体系列 ：在该下拉列表中可以选择想要的字体，如图 7-9 所示。

图 7-9　选择文字字体

● 设置字体样式 ___ ∨：在此项中可以设置一些英文字体的样式，如图7-10所示。

图7-10　选择文字样式

2. 设置文字颜色

"字符"面板的第一部分右方内容用于设置文字的颜色，如图7-11所示。

图7-11　设置文字颜色

● 吸管 ：使用此工具，可以在After Effects界面中的任意位置吸取颜色，使它成为所选文字的填充颜色或描边颜色。

● 填充颜色 ：单击此项，可以在打开的"文本颜色"对话框中设置文字的填充颜色，如图7-12所示。

图7-12　设置文字填充颜色

● 设置为黑色/设置为白色 ：单击上方的黑色图块，可以设置文字的填充颜色为黑色；单击上方的白色图块，可以设置文字的填充颜色为白色。

● 描边颜色 ：单击此项，可以设置文字的描边颜色。

● 没有填充（描边）颜色 ：当激活填充颜色时，单击此项可以取消文字的填充颜色；当激活描边颜色时，单击此项可以取消文字的描边颜色。

3. 设置文字大小和间距

"字符"面板的第二部分内容主要用于设置文字的大小和间距等属性，如图7-13所示。

图7-13　"字符"面板的第二部分

● 设置文字大小 ：可以直接输入数字调节文字大小，也可以单击右方的下拉按钮，在弹出的下拉列表中选择字号来调节文字大小。

● 设置两个字符的字偶间距 ：根据相邻字符的形状调整字符之间的距离，适合用于罗马字形中。

● 设置行距 ：此项可以设置两行字符之间的行距。

● 设置所选字符的字符间距 ：此项可以设置所选字符之间的距离。

4. 设置文字的描边样式

"字符"面板的第三部分内容主要用于设置文字的描边样式，在"像素"左方的数字框中可以设置描边的宽度，如图7-14所示，描边效果如图7-15所示。

图7-14　"字符"面板的第三部分

图7-15　描边效果

5. 设置文字的缩放和移动

"字符"面板的第四部分内容主要用于设置文字的缩放和移动效果，如图7-16所示。

图7-16　"字符"面板的第四部分

- 垂直缩放 **T**：在垂直方向上缩放文字大小。
- 设置基线偏移 **A^a**：设置文字的基线偏移。
- 水平缩放 **T**：在水平方向上缩放文字大小。
- 设置所选字符的比例间距 ■：调节所选文字的比例间距。

- 仿斜体 **T**：将文字设置为仿斜体。
- 全部大写字母 **TT**：将所选字母全部设置为大写。
- 小型大写字母 **Tr**：将所选字母设置为小型大写字母。
- 上标 **T¹**：将文字设置为上标。
- 下标 **T₁**：将文字设置为下标。

6. 设置文字的字形

"字符"面板的第五部分内容主要用于设置文字的字形，如图 7-17 所示。

- 仿粗体 **T**：将文字设置为仿粗体。

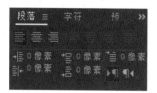

图 7-17　"字符"面板的第五部分

7.2.2　设置文本段落格式

在"段落"面板中可以调整文字的段落格式，对一段文字的缩进、对齐方式和间距进行修改，如图 7-18 所示。

- 左对齐文本 ■：将所选段落的文字设置为左对齐。
- 中对齐文本 ■：将所选段落的文字设置为居中对齐。
- 右对齐文本 ■：将所选段落的文字设置为右对齐。
- 最后一行左对齐 ■：选择该项，所选段落的文字除最后一行外均为两端对齐，水平文字最后一行为左对齐。
- 最后一行居中对齐 ■：选择该项，所选段落的文字除最后一行外均为两端对齐，水平文字最后一行为居中对齐。

图 7-18　"段落"面板

- 最后一行右对齐 ■：选择该项，所选段落的文字除最后一行外均为两端对齐，水平文字最后一行为右对齐。
- 两端对齐 ■：将所选段落的所有文字设置为两端对齐。
- 缩进左边距 ■：此项可以调整水平文字的左侧缩进量，可手动输入数字（缩进 N 像素），也可使用鼠标在数值处通过单击且左右拖动来更改缩进量。
- 缩进右边距 ■：此项可以调整水平文字的右侧缩进量。
- 段落前添加空格 ■：此项可以在文字段落前添加空格。
- 段落后添加空格 ■：此项可以在文字段落后添加空格。
- 首行缩进 ■：此项可以调整段落的首行缩进量。
- 从左到右的文本方向 ▶¶：采用从左到右的文本方向
- 从右到左的文本方向 ¶◀：采用从右到左的文本方向。

7.3　设置文本图层属性

在文本图层列表中包含了"文本"基本属性和"变换"属性。"文本"基本属性主要包括"源文本"和"路径选项"属性，"变换"属性与普通图层中的相应功能相同，这里就不再重复讲解了。

7.3.1 源文本属性

通过"源文本"属性可以设置文字在不同时间段的显示效果，制作与文本字体、大小、颜色等属性相关的动画。

练习实例：霓虹字动画	
文件路径	第 7 章 \ 霓虹字动画
技术掌握	创建文本、设置文本格式、制作源文本动画

01 新建一个项目与合成，然后选择"图层"|"新建"|"文本"菜单命令，新建一个文本图层，输入文字"霓虹字动画"，如图 7-19 所示。

图 7-19　创建文本

02 在"字符"面板中设置文字的字体为"华文彩云"、文字大小为 100 像素、填充颜色和描边颜色均为紫色，添加加粗效果，如图 7-20 所示，文字效果如图 7-21 所示。

图 7-20　设置文字属性

图 7-21　文字效果

03 在"时间轴"面板中展开文本图层的"文本"属性，将时间指示器移至第 0 秒的位置，单击"源文本"属性前的"关键帧控制器"按钮 ⏱，设置一个关键帧，如图 7-22 所示。

图 7-22　设置源文本关键帧

04 将时间指示器移至第 1 秒的位置，在"字符"面板中把字体更改为"华文琥珀"，将颜色修改为红色，取消描边颜色和加粗效果，如图 7-23 所示，文字效果如图 7-24 所示。

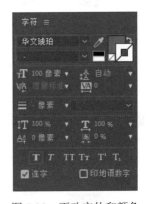

图 7-23　更改字体和颜色

图 7-24　文字效果

05 在"时间轴"面板中可以看到在第 0 秒与第 1 秒时分别有两个关键帧，如图 7-25 所示，选择并复制这两个关键帧，然后分别在第 2 秒和第 4 秒的时间位置对复制的关键帧进行粘贴，如图 7-26 所示。

After Effects 2022 影视特效标准教程（微课版）（全彩版）

图 7-25 "时间轴"面板中的关键帧

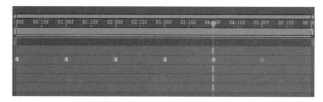

图 7-26 复制并粘贴关键帧

06 按空格键对创建的源文本动画进行播放,在"合成"面板中可以预览动画效果,如图 7-27 所示。

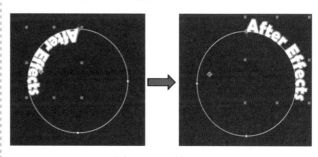

图 7-27 预览源文本动画效果

7.3.2 路径属性

很多视频中都会出现文字沿着特定的路径或轨道运动和变化的效果,这种效果就是通过设置文字的路径属性实现的。

在文本图层中展开"路径选项"选项组,可以看到当前路径为"无",如图 7-28 所示。使用形状工具在文本图层中创建路径时,创建的路径将以"蒙版"命名,在"路径"属性下拉列表中可以选择路径蒙版,在"路径选项"下将弹出一系列选项,用于控制和调整文字的路径,如图 7-29 所示。

图 7-28 文本路径选项

图 7-29 路径选项

各种路径控制选项的作用如下。

- 反转路径:选择此项后,原本沿着椭圆蒙版路径内圈排列的文本变为沿着椭圆蒙版路径外圈排列,如图 7-30 所示。

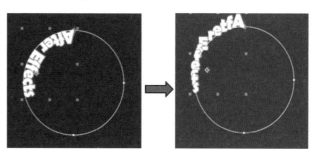

图 7-30 反转路径

- 垂直于路径:选择此项后,所选文本每个字符都将以竖直的形式排列在蒙版路径上,如图 7-31 所示。

图 7-31 垂直于路径

● 强制对齐：选择此项后，所有文本将被强制对齐，均匀分布排列于蒙版路径上，如图 7-32 所示。

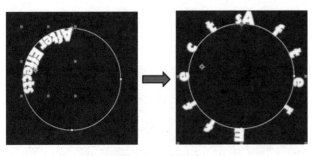

图 7-32　强制对齐

● 首字边距：此项可以调整首字所在的位置，如图 7-33 所示。

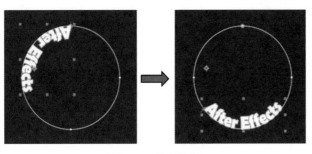

图 7-33　首字边距

● 末字边距：此项可以调整尾文本所在的位置，如图 7-34 所示。

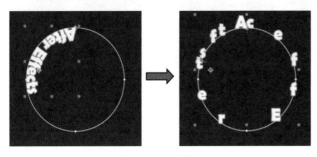

图 7-34　末字边距

 知识点滴：

此处的文本路径动画不同于源文本动画的显示方式，在两个关键帧之间的时间段内，可以看到渐变的路径动画效果。

练习实例：游动的文字	
文件路径	第 7 章 \ 游动的文字
技术掌握	创建文本、绘制路径、制作文本路径动画

01 新建一个项目，在"项目"面板中导入"海景"素材，如图 7-35 所示。

图 7-35　导入素材

02 新建一个合成，将"海景"素材添加到"时间轴"面板的图层列表中，在"合成"面板中可以预览图像效果，如图 7-36 所示。

图 7-36　图像效果

03 选择"图层"|"新建"|"文本"菜单命令，新建一个文本图层，然后输入文字，如图 7-37 所示，得到的效果如图 7-38 所示。

图 7-37　创建文字图层

图 7-38　文字效果

04 在图层列表中选择文字图层，然后使用"钢笔工具"在"合成"面板中绘制一条路径，效果如图 7-39 所示。

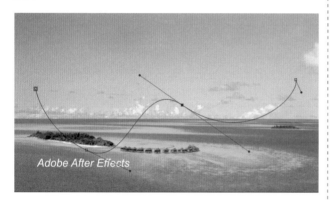

图 7-39　绘制路径

05 在文本图层列表的"路径"选项下拉列表中选择"蒙版 1"选项，然后在第 0 秒的时间位置单击"首字边距"选项前面的"关键帧控制器"按钮，在此设置一个关键帧，保持"首字边距"选项的值为 0，如图 7-40 所示，此时的文字效果如图 7-41 所示。

06 将时间指示器移到第 5 秒，设置"首字边距"选项的值为 1000，在此添加一个关键帧，如图 7-42 所示，此时的文字效果如图 7-43 所示。

图 7-40　设置关键帧

图 7-41　文字效果（一）

图 7-42　添加关键帧

图 7-43　文字效果（二）

07 按空格键对创建的文本动画进行播放，在"合成"面板中可以预览动画效果，如图 7-44 所示。

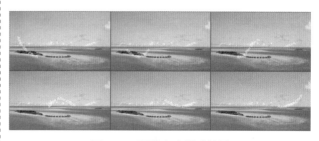

图 7-44　预览文本滑动效果

7.3.3 其他属性

展开文本图层中的"更多选项"选项组，其中有一系列效果可供用户选择，如图 7-45 所示。

- 锚点分组：此项中有 4 种不同的文本锚点的分组方式，分别为"字符""词""行""全部"。
- 分组对齐：改变"分组对齐"属性中的数值，可以调整文本沿路径排列的分散度和随机度。
- 填充和描边：此项可以改变文字填充和描边的模式。
- 字符间混合：此项可以改变字符间的混合模式，类似于图层混合效果。

图 7-45　其他选项

7.4　文本动画控制器

新建文字时，将在文本图层生成一个动画控制器，用户可以通过设置各种选项参数，制作各种运动效果，如滚动字幕、旋转字幕、缩放字幕等效果。

7.4.1 启用动画控制器

在 After Effects 中启用动画控制器有如下两种常用方法。

- 选择"动画"|"动画文本"菜单命令，在弹出的子菜单中选择其中一种属性。
- 在"时间轴"面板中单击"文本"图层右方的"动画"选项按钮 ，在弹出的选项列表中选择其中一种动画效果，如图 7-46 所示。

执行上述任意一种操作后，在"时间轴"面板中将出现"动画制作工具 1"及属性，如图 7-47 所示。

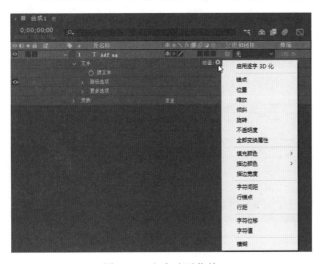

图 7-46　文本动画菜单

图 7-47　动画制作工具及属性

知识点滴：

在 After Effects 中可以建立一个或多个文本动画属性，相应地在"时间轴"面板上也会建立一个或多个"动画制作工具"和"范围选择器"，不同的动画属性叠加后可以得到丰富的动画效果。

7.4.2 控制器类型

在 After Effects 中可以将控制器分为变换类控制器、颜色类控制器和文本类控制器 3 种主要控制器。

1. 变换类控制器

变换类控制器可以控制文本动画的变形，包括锚点、位置、缩放、倾斜、旋转和不透明度等，与文本图层的基本属性相似。在"动画"选项列表中选择"全部变换属性"选项，可以启用全部的变换类控制器，如图 7-48 所示。

图 7-48 变换类控制器

变换类控制器的各选项含义如下。

- 锚点：制作文字中心定位点变换的动画。
- 位置：调整文本的位置。
- 缩放：对文字进行放大或缩小等设置。
- 倾斜：设置文本倾斜程度。会添加"倾斜"和"倾斜轴"两个属性。
- 倾斜轴：指定文本沿其倾斜的轴，常用于制作文字晃动效果。
- 旋转：设置文本旋转角度。
- 不透明度：设置文本不透明度。

2. 颜色类控制器

颜色类控制器主要用于控制文本动画的颜色，

包括填充颜色、描边颜色和描边宽度等，各选项的含义如下。

- 填充颜色：可以在子选项中选择设置文字填充颜色的方式，包括 RGB、色相、饱和度、亮度、不透明度，如图 7-49 所示。
- 描边颜色：设置文字的描边颜色的 RGB 值、色相、饱和度、亮度和不透明度。
- 描边宽度：设置文字描边宽度的大小。

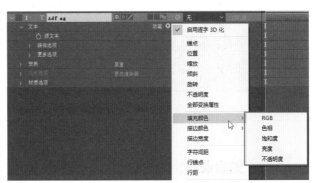

图 7-49 选择填充颜色的方式

3. 文本类控制器

文本类控制器主要用于控制文本字符的行间距和空间位置，可以从整体上控制文本的动画效果，包括字符间距、行锚点、行距、字符位移、字符值，各选项的含义如下。

- 字符间距：设置文字之间的距离。
- 行锚点：设置文本的对齐方式。
- 行距：设置段落文字行与行之间的距离。
- 字符位移：按照统一的字符编码标准对文字进行位移。
- 字符值：按照统一的字符编码标准，统一替换设置的字符值所代表的字符。

7.4.3 范围选择器

添加一个动画控制器后，在"动画"属性组将自动添加一个"范围选择器"选项，通过该选项可以制作各种各样的运动效果，如图 7-50 所示。

范围选择器的各选项含义如下。

● 起始：用于设置范围选择器有效范围的起始点。

● 结束：用于设置范围选择器有效范围的结束点。

● 偏移：用于调节"起始"与"结束"属性范围的偏移值，它可以创建一个随时间变化而变化的选择区域，即文本起始点与范围选择器间的距离。当"偏移"值为 0 时，"起始"与"结束"属性将不具有任何作用，仅保持在用户设置的位置；当"偏移"值为 100% 时，"起始"与"结束"属性的位置将移至文本末端；当"偏移"值为 0 ~ 100% 的数值时，"起始"与"结束"属性的位置将做出相应调整。

● 高级：展开该选项，可以设置更多的属性，如数量、平滑度、随机排序等，如图 7-51 所示。

图 7-50　范围选择器

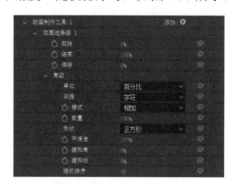

图 7-51　展开"高级"选项

 知识点滴:

单击"动画制作工具"属性右侧的"添加"选项按钮 添加: ○ ，选择"选择器"|"范围"命令，可以添加新的"范围选择器"。

7.4.4 摆动选择器

摆动选择器可以控制文本的抖动，配合关键帧动画可制作更加复杂的动画效果。单击"动画制作工具"属性右侧的"添加"选项按钮，选择"选择器"|"摆动"命令（如图 7-52 所示），即可显示"摆动选择器 1"属性组，如图 7-53 所示。

摆动选择器的各选项含义如下。

● 模式：设置波动效果与原文本之间的交互模式，包括相加、相减、相交、最小值、最大值、插值 6 种模式。

● 最大量 / 最小量：设置随机范围的最大值和最小值。

● 摇摆 / 秒：设置每秒钟随机变化的频率，该数值越大，变化频率就越大。

● 关联：设置文本字符相互关联变化的程度，该数值越大，字符关联的程度就越大。

● 时间相位：设置文本动画在时间范围内随机量的变化。

● 空间相位：设置文本动画在空间范围内随机量的变化。

◐ 锁定维度：设置随机相对范围的锁定。

◐ 随机植入：设置该属性的值，不会使内容的随机性提高或降低，只会以不同的方式使内容随机植入。

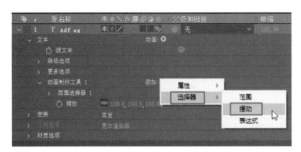

图 7-52　选择"选择器"|"摆动"命令

图 7-53　摆动选择器

练习实例：跳动的字节	
文件路径	第 7 章 \ 跳动的字节
技术掌握	创建文本、应用文本动画控制器和摆动选择器

01 新建一个项目和一个合成，然后将背景素材导入"项目"面板中，如图 7-54 所示。

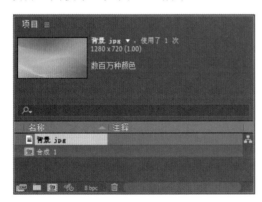

图 7-54　导入素材

02 将背景素材添加到图层列表中，然后创建一个文字图层，设置文字颜色为浅灰色，如图 7-55 所示，在"合成"面板中预览图像效果，如图 7-56 所示。

图 7-55　创建图层

图 7-56　图像效果

03 单击"文本"图层右侧的"动画"选项按钮 动画:●，在弹出的选项列表中选择"位置"命令，如图 7-57 所示。

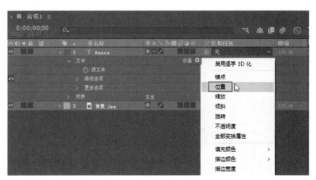

图 7-57　选择"位置"命令

04 在出现的"动画制作工具 1"选项组右侧单击"添加"选项按钮 添加:●，在弹出的选项列表中选择"选择器"|"摆动"命令，如图 7-58 所示。

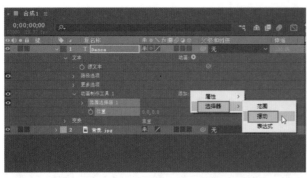

图 7-58　选择"选择器"|"摆动"命令

05 在"动画制作工具 1"选项组中将出现"摆动选择器 1"选项，然后删除"范围选择器 1"选项，如图 7-59 所示。

图 7-59　删除"范围选择器 1"选项

06 将时间指示器移到第 1 秒的时间位置，然后单击"位置"选项前面的"关键帧控制器"按钮，在此添加一个关键帧，并设置位置值为"100,100"，如图 7-60 所示。

图 7-60　设置位置值（一）

07 将时间指示器移到第 2 秒的时间位置，然后为"位置"选项添加一个关键帧，并设置位置值为"0,0"，如图 7-61 所示。

08 按空格键对文本的位置动画进行播放，在"合成"

面板中可以预览动画效果，如图 7-62 所示。

图 7-61　设置位置值（二）

图 7-62　预览文本动画效果

09 单击"文本"图层右侧的"动画"选项按钮 动画: ，在弹出的选项列表中选择"不透明度"命令，如图 7-63 所示。

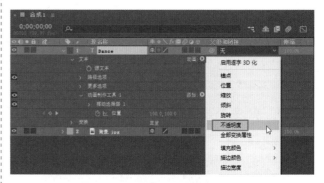

图 7-63　选择"不透明度"命令

10 设置"不透明度"选项的值为 0，展开"动画制作工具 2"|"范围选择器 1"选项，然后在第 0 秒的时间位置为"偏移"选项设置一个关键帧，并设置偏移值为 -100%，如图 7-64 所示。

11 将时间指示器移到第 1 秒的时间位置，为"偏移"选项添加一个关键帧，并设置偏移值为 100%，如图 7-65 所示。

12 按空格键对文本的不透明度动画进行播放，在"合成"面板中可以预览动画效果，如图 7-66 所示。

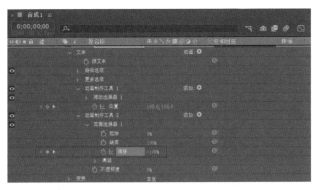

图 7-64　设置"偏移"关键帧（一）

图 7-65　设置"偏移"关键帧（二）

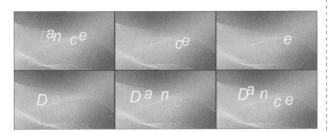

图 7-66　预览文本动画效果

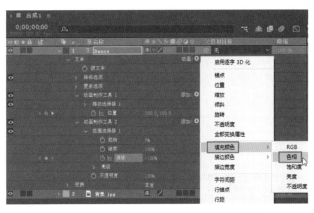

图 7-67　选择"填充颜色"|"色相"命令

图 7-68　设置"填充色相"关键帧（一）

图 7-69　设置"填充色相"关键帧（二）

13 单击"文本"图层右侧的"动画"选项按钮 **动画: ◎**，在弹出的选项列表中选择"填充颜色"|"色相"命令，如图 7-67 所示。

14 将时间指示器移到第 2 秒的时间位置，为"填充色相"选项添加一个关键帧，并设置其值为 0，如图 7-68 所示。

15 将时间指示器移到第 3 秒的时间位置，为"填充色相"选项添加一个关键帧，并设置其值为 1，如图 7-69 所示。

16 按空格键对文本动画进行播放，在"合成"面板中可以预览创建的文本位置、不透明度和填充颜色的动画效果，如图 7-70 所示。

图 7-70　预览文本动画效果

7.5　本章小结

本章主要讲解了 After Effects 文本的创建与文本属性的设置。首先介绍了文本的创建和文本格式的设置方法，然后讲解了文本图层属性的设置（包括源文本属性、路径属性和其他属性），最后讲解了文本动画控制器的应用（包括启用动画控制器、控制器类型的选择、范围选择器和摆动选择器的应用）。通过本章的学习，读者可以通过文本属性组合出各种动画，制作出丰富的文本动画效果。

7.6　思考和练习

1. 在 After Effects 中有哪些文本工具？如何选择这些文本工具？
2. After Effects 的文字包括哪些字符格式？如何设置文字的字符格式？
3. After Effects 的文本图层包括哪些基本属性？
4. 如何启用 After Effects 的动画控制器？
5. After Effects 包括哪些控制器类型？
6. 创建一个文本，并使其沿指定的路径运动。
7. 创建一个文本，并为其制作单个字符跳跃动画。

第8章 特效的基本操作

特效是 After Effects 中非常重要的功能，可以方便地将静态图像制作成动态效果，也可以为动态影像制作绚丽的特效。本章将学习特效的一些基本操作，其中包括特效的添加、设置和编辑等。

8.1 添加特效

要对对象应用特效，首先需要在对象图层上添加特效。在 After Effects 中，可以通过两种方式来添加特效，即通过"效果"菜单添加特效和通过"效果和预设"面板添加特效。

8.1.1 通过菜单添加特效

选中需要添加特效的图层，然后选择"效果"菜单命令，在子菜单中选择一种效果命令（如"风格化"|"查找边缘"命令），如图 8-1 所示，即可为选中的图层添加相应的特效，效果如图 8-2 所示。

图 8-1 通过菜单添加特效

图 8-2 "查找边缘"效果

知识点滴：

在 After Effects 中添加特效，一定要选中需要添加特效的素材图层。同一个图层，可以被添加多个特效。如果需要为多个图层添加同一个特效，可以同时选中多个图层，然后执行添加特效操作。

8.1.2 通过面板添加特效

在"效果和预设"面板中选择并拖动所需的效果（如"扭曲"|"旋转扭曲"）到"合成"面板中的素材上，即可为当前素材添加相应的特效，如图 8-3 所示。

图 8-3 拖动效果到素材上

知识点滴：

　　将特效直接拖到"合成"面板中的素材上时，只能添加到上方显示的对象上，如果需要将特效添加到下方图层的对象上时，可以将特效拖到图层列表中需要添加的图层上。

练习实例：制作爆炸效果	
文件路径	第 8 章＼爆炸效果
技术掌握	为影片添加特效

01 新建一个项目，然后将所需素材导入"项目"面板中，如图 8-4 所示。

图 8-4　导入素材

02 新建一个合成，在"合成设置"对话框中设置视频的宽度、高度和持续时间，如图 8-5 所示。

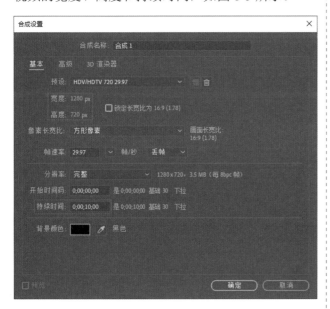

图 8-5　设置合成参数

03 将导入的素材添加到图层列表中，如图 8-6 所示，在"合成"面板中预览图像效果，如图 8-7 所示。

图 8-6　添加素材

图 8-7　图像效果

04 打开"效果和预设"面板，展开"模糊和锐化"特效组，选中"径向模糊"效果，如图 8-8 所示。

图 8-8　选中"径向模糊"效果

05 将"径向模糊"效果拖到"合成"面板中的影片上，可以预览径向模糊的默认效果，如图8-9所示。

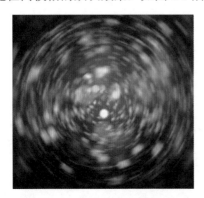

图8-9　径向模糊默认效果

06 在"时间轴"面板的"图层"列表中展开"效果"|"径向模糊"选项组，可以显示该效果的属性，如图8-10所示。

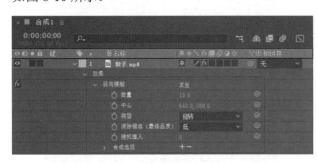

图8-10　径向模糊效果属性

07 单击"类型"选项右方的下拉列表框，在下拉列表中选择"缩放"选项，设置模糊类型为"缩放"，如图8-11所示。

图8-11　修改径向模糊类型

08 在"合成"面板中可以预览应用"径向模糊"特效后的效果，如图8-12所示。

图8-12　"径向模糊"特效

8.2　设置特效

　　将特效添加到素材后，可以通过设置特效的选项来展现不同的效果。用户可以在"时间轴"面板的图层列表中设置特效参数（如图8-13所示），也可以在"效果控件"面板中设置特效参数（如图8-14所示）。

图8-13　在图层列表中设置特效参数

图8-14　在"效果控件"面板中设置特效参数

知识点滴：

在"时间轴"面板中设置特效与在"效果控件"面板中设置特效的结果是相同的，只是在"时间轴"面板中还可以通过"合成选项"|"效果不透明度"选项来设置添加特效后的效果与原图像的合成效果。

常见的特效选项类型包括特效数值、特效颜色、特效控制器和特效坐标4种，下面分别对其进行介绍。

8.2.1 设置特效数值

数值类的参数是After Effects特效中最常见的一种参数，这类参数一般可以通过拖动光标和输入数值两种方式进行设置。

练习实例：制作模糊效果	
文件路径	第8章\模糊效果
技术掌握	设置特效数值的方法

01 新建一个项目，然后将所需素材导入"项目"面板中，如图8-15所示。

图8-15 导入素材

02 新建一个合成，将导入的素材添加到图层列表中，如图8-16所示，在"合成"面板中预览图像效果，如图8-17所示。

图8-16 将素材添加到图层列表中

03 选中素材图层，然后选择"效果"|"模糊和锐化"|"高斯模糊"菜单命令，将"高斯模糊"特效

添加到素材上，打开"效果控件"面板查看"高斯模糊"特效的参数，如图8-18所示。

图8-17 预览图像效果

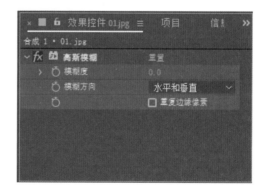

图8-18 "高斯模糊"特效参数

04 将光标放置在"模糊度"参数的数值上，此时光标的形状会由箭头形状转换为手形，如图8-19所示。然后按住鼠标左键并左右移动光标，数值会随着光标的移动而改变，如图8-20所示。

After Effects 2022 影视特效标准教程（微课版）（全彩版）

图 8-19　光标的形状转换为手形

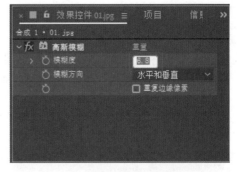

图 8-21　原数值变为可编辑状态

图 8-20　通过拖动鼠标调整数值参数

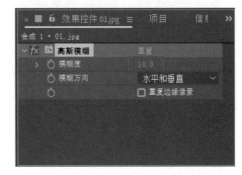

图 8-22　通过输入数值设置参数

05 将光标放置在模糊度参数的数值上并单击。原数值的位置上会出现一个文本框，文本框内的数值变为可编辑状态，如图 8-21 所示，此时可对数值进行修改，如图 8-22 所示。

06 通过修改模糊度的数值可以调整图像的模糊度，效果如图 8-23 所示。

图 8-23　图像的模糊效果

 知识点滴：

　　当按下鼠标左键并左右移动光标时，光标的形状会由手形变为向左向右两个小箭头形状。移动光标的过程中，向左移动时数值将减小，向右移动时数值将增大。

● 8.2.2　设置特效颜色

　　特效的颜色参数一般存在于与颜色有关的特效参数中，该参数可以通过颜色面板和颜色拾取器两种方法进行设置。

练习实例：调整图像色彩	
文件路径	第 8 章 \ 图像色彩
技术掌握	设置特效颜色的方法

01 新建一个项目，然后将所需素材导入"项目"面板中，如图 8-24 所示。

图 8-24　导入素材

02 新建一个合成，将导入的素材添加到图层列表中，在"合成"面板中预览图像效果，如图 8-25 所示。

图 8-25　预览图像效果

03 选中素材所在的图层，选择"效果"|"颜色校正"|"三色调"菜单命令，在"效果控件"面板中将显示"三色调"特效参数，如图 8-26 所示，此时素材图像从彩色图像变为了只有白、棕、黑 3 种颜色的图像，效果如图 8-27 所示。

04 单击"中间调"选项对应的色块，将打开"中间调"颜色面板，将"中间调"的颜色设为绿色，如图 8-28 所示，素材图像中的原中间调部分就变为了绿色，如图 8-29 所示。

图 8-26　"三色调"特效参数

图 8-27　三色调特效效果

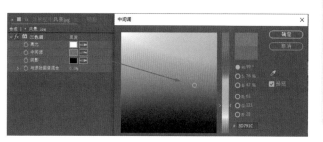

图 8-28　设置"中间调"颜色

图 8-29　调整中间调后的效果（一）

05 单击"中间调"选项对应的吸管按钮，光标形状会由箭头形状变为吸管形状，然后将光标放置在所需颜色上并单击，如图 8-30 所示，可以将素材图像中的"中间调"部分修改为相应的颜色，如图 8-31 所示。

图 8-30　通过颜色拾取器设置颜色

图 8-31　调整中间调后的效果（二）

8.2.3　设置特效控制器

在 After Effects 中，最常见的特效控制器是角度控制器，一般存在于与方向或角度有关的选项中。特效控制器参数可以通过输入其数值和调整控制器两种方式进行设置。

练习实例：制作油画效果	
文件路径	第 8 章 \ 油画效果
技术掌握	设置特效控制器的方法

01 新建一个项目和一个合成，然后在"项目"面板中导入素材，如图 8-32 所示。

图 8-32　导入素材

02 将素材添加到"时间轴"面板的"图层"列表中，在"合成"面板中对图像进行预览，效果如图 8-33 所示。

图 8-33　图像效果

03 选中素材图层，然后选择"效果"|"风格化"|"画笔描边"菜单命令，在"效果控件"面板中展开"画笔描边"特效的参数，设置"画笔大小"的值为 5，如图 8-34 所示。

图 8-34　"画笔描边"特效参数

04 单击并拖动"描边角度"选项右侧的角度控制器，可以对角度参数进行修改，如图8-35所示。

图8-35 通过角度控制器调整角度参数

05 单击"描边角度"选项右侧的数值，数值将转换为可编辑状态，然后输入数字也可以对角度参数进行修改，如图8-36所示。

06 在"合成"面板中对图像的描边效果进行预览，效果如图8-37所示。

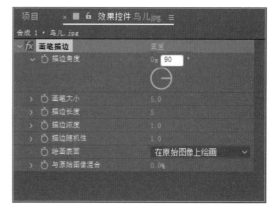

图8-36 通过输入数值修改角度参数

图8-37 图像描边效果

8.2.4 设置特效坐标

坐标参数一般存在于与位置有关的参数中。这类参数可以通过输入数值和"坐标"按钮两种方式进行设置。

练习实例：制作镜头光晕	
文件路径	第8章\镜头光晕
技术掌握	设置特效坐标的方法

01 新建一个项目和一个合成。然后在"项目"面板中导入素材，如图8-38所示。

02 将素材添加到"时间轴"面板的图层列表中，在"合成"面板中对图像进行预览，效果如图8-39所示。

03 选中素材所在的图层，然后选择"效果"|"生成"|"镜头光晕"菜单命令，在"效果控件"面板展开"镜头光晕"特效参数，如图8-40所示。

04 单击"光晕中心"选项右侧的"坐标"按钮，光标的形状由箭头形状变为十字坐标形状，如图8-41所示，然后将光标放置在需要设置光晕中心的位置并单击，即可设置光晕中心的位置，其坐标参数将发生相应变化，如图8-42所示。

图8-38 导入素材

图 8-39　图像效果

图 8-41　光标变为十字坐标形状

图 8-40　"镜头光晕"特效参数

图 8-42　设置光晕中心的位置

　知识点滴:

单击"光晕中心"选项右侧的"坐标"参数值，其坐标值将转换为可编辑状态，然后输入新的坐标值，也可以修改光晕中心的坐标。

8.3　编辑特效

在 After Effects 中，不仅可以对特效参数进行设置，还可以对添加的特效进行复制、禁用和删除等操作。

8.3.1　复制特效

如果需要对多个对象应用同一个特效，或对同一个对象多次运用相同特效时，可以先为某个对象添加特效并设置好参数，然后将设置好的特效进行复制即可。

复制特效的操作步骤如下。

01 在"效果控件"面板中选中需要复制的特效，然后选择"编辑"|"复制"菜单命令，或者按 Ctrl+C 组合键对该特效进行复制。

02 在"时间轴"面板的图层列表中选择需要添加该特效的图层,然后选择"编辑"|"粘贴"菜单命令,或者按 Ctrl+V 组合键对该特效进行粘贴,即可完成特效的复制操作。

练习实例:制作古诗诵读动画	
文件路径	第 8 章 \ 古诗诵读
技术掌握	添加特效、设置特效关键帧、复制特效及关键帧的方法

01 新建一个项目,然后导入"水墨画 .jpg"和"诗句 .psd"素材,导入"诗句 .psd"素材时设置导入种类为"合成 - 保持图层大小",如图 8-43 所示。

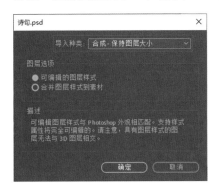

图 8-43 设置"诗句 .psd"素材的导入种类

02 选择"合成"|"新建合成"菜单命令,在打开的"合成设置"对话框中设置"预设"为 NTSC DV,设置"持续时间"为 0:00:18:00,如图 8-44 所示,然后单击"确定"按钮,建立一个新的合成。

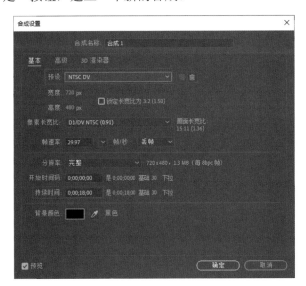

图 8-44 新建合成

03 将导入的素材添加到"时间轴"面板的图层列表中,并按照如图 8-45 所示的顺序进行排列。

图 8-45 将素材添加到图层列表中

04 在"合成"面板中适当调整各文字图层的文字位置,使其效果如图 8-46 所示。

图 8-46 调整文字位置

05 下面为文字制作擦除动画效果。在图层列表中选中上方第一个文字图层,选择"效果"|"过渡"|"线性擦除"菜单命令,为标题文字添加线性擦除效果。然后在图层列表中设置"擦除角度"为 0×0°,使效果从上到下进行擦除,如图 8-47 所示。

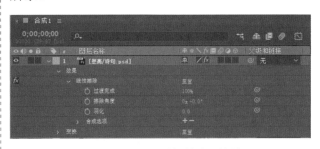

图 8-47 设置"线性擦除"特效

06 将时间指示器移至 0:00:00:00,在"过渡完成"选项中添加一个关键帧,并设置其属性值为 100%,如图 8-48 所示。然后将时间指示器调至 0:00:02:00,将"过渡完成"属性设置为 0 并添加关键帧,如图 8-49 所示。

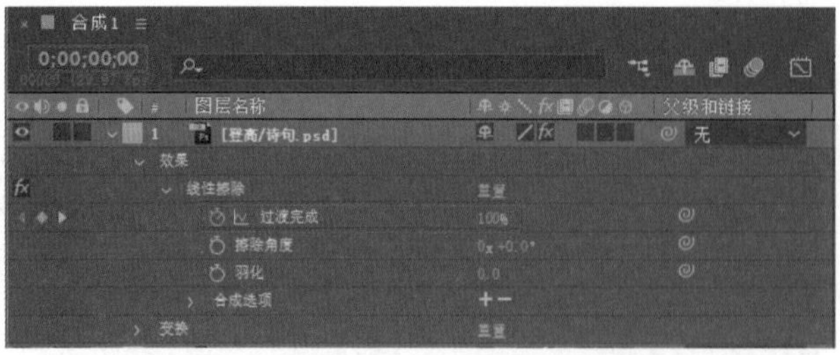

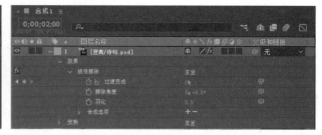

图 8-48　设置"过渡完成"关键帧（一）　　　　图 8-49　设置"过渡完成"关键帧（二）

　知识点滴：

　　虽然这里使用的是"线性擦除"特效，但是由于"过渡完成"关键帧是反着设置的，因此该动画效果其实显示为插入图像的效果。

07 按空格键对影片进行播放，可以在"合成"面板中预览插入标题文字的动画效果，如图 8-50 所示。

图 8-50　插入标题文字的动画效果

08 在图层列表中选择编辑好的"线性擦除"特效，然后按 Ctrl+C 组合键对其进行复制，再将时间指示器移至 0:00:03:00，选择上方第二个文字图层，然后按 Ctrl+V 组合键将复制的"线性擦除"特效粘贴到该图层上，可以看到复制特效时，会将设置好的关键帧及参数复制到对应的时间位置，如图 8-51 所示。

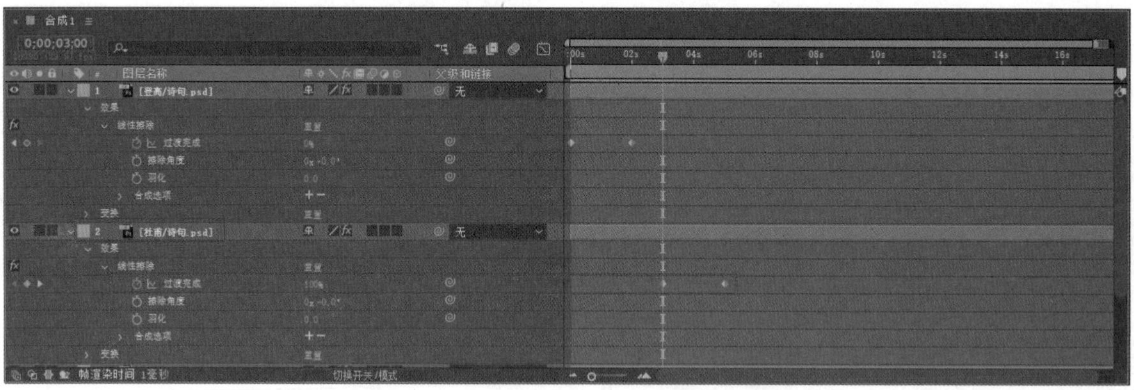

图 8-51　复制编辑好的"线性擦除"特效

09 使用同样的方法，分别在 0:00:06:00、0:00:09:00、0:00:12:00 和 0:00:15:00 的时间位置将复制的"线性擦除"特效依次粘贴到后面 4 个文字图层上，如图 8-52 所示。

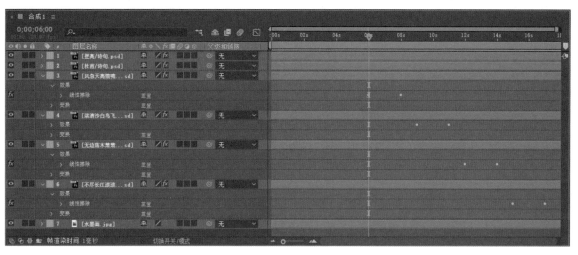

图 8-52 将"线性擦除"特效复制到其他文字图层中

10 按空格键对影片进行播放，可以在"合成"面板中预览插入诗句文字的动画效果，如图 8-53 所示。

图 8-53 插入诗句文字的动画效果

8.3.2 禁用特效

如果需要临时关闭图层中的某个特效，可以将其禁用。禁用特效可以用来观察某个图层应用特效前和应用特效后的对比效果。

在"时间轴"面板或"效果控件"面板中单击特效名称左侧的"*fx*"特效按钮，即可禁用该特效，如图 8-54 所示。当特效被禁用时，特效按钮显示为空，如图 8-55 所示，再次单击该按钮，该特效将被重新启用。

图 8-54　单击 "fx" 按钮　　　　　　　　图 8-55　禁用特效

8.3.3　删除特效

当确定不再使用图层中的某个特效时，可以将该特效删除。在"时间轴"面板或"效果控件"面板中选中要删除的特效，然后选择"编辑"|"清除"菜单命令，或者直接按 Delete 键，即可将该特效删除。

8.4　本章小结

本章主要讲解了 After Effects 视频特效的创建与设置。首先介绍了添加视频特效的方法，然后讲解了设置各种特效参数的方法(包括特效数值、特效颜色、特效控制器和特效坐标的设置)，最后讲解了特效的编辑方法(包括复制特效、禁用特效和删除特效)。通过本章的学习，读者可以将静态图像制作成动态效果，也可以为动态影像制作绚丽的效果。

8.5　思考和练习

1. 设置特效数值参数有哪几种方式？具体操作方法是什么？
2. 设置颜色拾取器的参数有哪几种方式？具体操作方法是什么？
3. 设置特效控制器有哪几种方式？具体操作方法是什么？
4. 设置特效坐标有哪几种方式？具体操作方法是什么？
5. 如何复制特效及其参数？
6. 如果只是暂时取消图层上的某个特效，应该如何操作？
7. 选择一张风景图片，并为其添加一个"浮雕"特效。

第9章 常用特效

After Effects 提供了上百种特效,本章将对比较常用的特效进行详细讲解,主要包括"风格化"特效组、"生成"特效组、"透视"特效组、"扭曲"特效组、"模糊和锐化"特效组中的常用特效。

9.1 "风格化"特效组

"风格化"特效组主要通过修改原图像像素、对比度等为素材添加不同的效果。下面对比较常用的风格化特效进行讲解。

9.1.1 CC Burn Film

CC Burn Film 特效用于模拟胶片熔化或燃烧的效果，图 9-1 和图 9-2 所示是对图像应用 CC Burn Film 特效前后的对比效果。

图 9-1 素材效果

图 9-2 CC Burn Film 效果

CC Burn Film 特效的属性参数如图 9-3 所示。

图 9-3 CC Burn Film 属性参数

CC Burn Film 特效中主要参数的作用如下。

- Burn：用于设置特效的完成程度，也就是图片被熔解或燃烧的程度。通过对该属性设置关键帧可以实现图片逐步熔解的动画效果。
- Center：用于设置效果生成时的中心位置。
- Random Seed：用于设置熔解效果产生斑点的随机性。通过对该属性设置关键帧可以实现斑点随机出现的动画效果。

9.1.2 CC Glass

CC Glass 特效可以根据素材本身的明暗对比度，通过对光线、阴影等属性的设置，将其转化为模拟玻璃质感的图像，该特效的效果如图 9-4 所示，其属性参数如图 9-5 所示。

图 9-4　CC Glass 效果

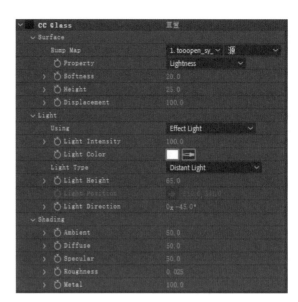

图 9-5　CC Glass 属性参数

CC Glass 特效中主要参数的作用如下。

- Bump Map：用于选择产生玻璃效果所依据的图层。根据所选择图层的图像明暗度产生相应的玻璃效果纹路。
- Property：用于选择玻璃效果产生时所依据的通道类型。
- Softness：用于设置玻璃效果的柔和程度。
- Height：用于设置玻璃效果边缘的凹凸程度。该数值越大，玻璃凸出效果越明显。数值为负值时，玻璃效果为凹陷效果。
- Displacement：用于设置玻璃效果边缘的厚度。该数值越大，边缘越厚，玻璃扭曲效果越明显。
- Using：用于选择使用灯光的类型，这里有 Effect Light(效果灯光) 和 AE Lights 灯光两种类型。其中 AE Lights 灯光为固定参数灯光。
- Light Intensity：用于控制灯光的强弱。该数值越大，光线越强。
- Light Color：用于设置灯光的颜色。
- Light Type：用于选择灯光的类型。它共有两种类型，分别是 Distant Light(平行光) 和 Point(点) 光源。
- Light Height：用于设置灯光的高度。
- Light Position：用于设置点光源的具体位置 (只有选择 Point 选项时才会被启用)。
- Light Direction：用于设置平行光的角度 (只有选择 Distant Light 选项时才会被启用)。
- Ambient：用于设置对光源的反射程度。
- Diffuse：用于设置漫反射的值。
- Specular：用来控制高光的强度。
- Roughness：用来设置玻璃表面的粗糙程度。该数值越大，生成的玻璃效果表面越有光泽。
- Metal：用来设置玻璃材质的反光程度。

9.1.3　CC HexTile

　　CC HexTile 特效可以将原素材图像转换为有规律的六边形组合效果，并将原素材的图案映射到每个六边形中，形成蜂窝状的新排列组合图形，该特效的效果如图 9-6 所示，其属性参数如图 9-7 所示。

图 9-6　CC HexTile 效果

图 9-7　CC HexTile 属性参数

CC HexTile 特效中主要参数的作用如下。

- Render：用于选择六边形的映射方式。
- Radius：用于设置六边形的多少和大小。该数值越大，单个六边形越大，相对地，六边形的个数就越少。
- Center：用于设置整体效果的中心点位置。
- Rotate：用于设置六边形的角度。
- Smearing：用于设置原素材图层被映射时的图案大小。

9.1.4　CC Mr. Smoothie

CC Mr. Smoothie 特效可以通过原素材图层的色调和对比度来模拟制造融化的效果，该特效的效果如图 9-8 所示，其属性参数如图 9-9 所示。

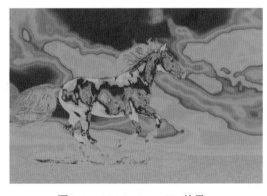

图 9-8　CC Mr. Smoothie 效果

图 9-9　CC Mr. Smoothie 属性参数

CC Mr. Smoothie 特效中主要参数的作用如下。

- Flow Layer：用于选择融化效果产生时所依据的图层。
- Property：用于选择融化效果产生时所依据的通道类型。
- Sample A/Sample B：用于设置效果产生时所依据的两个参考点。特效产生所依据的颜色会依据这两个参考点进行选取。
- Phase：用来改变融化效果的角度。
- Color Loop：用于选择颜色在融化效果中产生的形式。这里共有 4 种形式，分别是 AB、BA、ABA 和 BAB。其中 A 和 B 指的是两个采样点。

9.1.5 画笔描边

"画笔描边"特效可对原素材图像内部的线条进行识别，将图像内部的线条用特殊的样式勾画出来，并保留其余的部分样式，该特效的效果如图9-10所示，其属性参数如图9-11所示。

图9-10 画笔描边效果

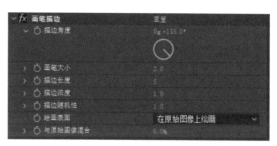

图9-11 "画笔描边"属性参数

"画笔描边"特效中主要参数的作用如下。

- 描边角度：用于设置描边笔触的角度。
- 画笔大小：用于设置描边时笔触的大小。
- 描边长度：用于设置边缘笔触的长短。
- 描边浓度：用于设置笔触的密度。
- 描边随机性：通过调整该数值，可以使描边笔触不规则。
- 绘画表面：用于选择描边绘画的方式。这里共有4种类型，分别是"在原始图像上绘画""在透明背景上绘画""在白色上绘画"和"在黑色上绘画"。
- 与原始图像混合：用于设置效果与原始图像的混合程度。

9.1.6 查找边缘

"查找边缘"和"画笔描边"特效都是对原素材图像内部的线条进行识别并添加效果。与"画笔描边"特效不同的是，"查找边缘"是将图像内部的线条勾画出来，其余的部分转为白色，该特效的效果如图9-12所示，其属性参数如图9-13所示。

图9-12 查找边缘效果

图9-13 "查找边缘"属性参数

"查找边缘"特效中主要参数的作用如下。

🖰 反转：选中该复选框后，"查找边缘"特效中被转为白色的部分将变成黑色。

🖰 与原始图像混合：用于设置效果与原始图像的混合程度。

● 9.1.7 散布

"散布"特效可以将原素材图像由边缘开始转换成颗粒并向四周扩散，该特效的效果如图 9-14 所示，其属性参数如图 9-15 所示。

图 9-14 散布效果

图 9-15 "散布"属性参数

"散布"特效中主要参数的作用如下。

🖰 散布数量：用于设置散布颗粒的数量。

🖰 颗粒：用于选择颗粒散布的方向。颗粒散布的方向共有 3 个，分别是"两者""水平"和"垂直"。

🖰 散布随机性：选中该复选框后，散布的颗粒会随机产生运动。

● 9.1.8 彩色浮雕

"彩色浮雕"特效可以使原素材平面的图案产生浮雕的效果，并保留了素材图案本身的颜色效果，该特效的效果如图 9-16 所示，其属性参数如图 9-17 所示。

图 9-16 彩色浮雕效果

图 9-17 "彩色浮雕"属性参数

"彩色浮雕"特效中主要参数的作用如下。

🖰 方向：用于设置浮雕效果的方向。

○ 起伏：用于设置浮雕效果边缘的高低。
○ 对比度：用于设置浮雕效果的明显程度。
○ 与原始图像混合：用于设置效果与原始图像的混合程度。

9.1.9 浮雕

　　"浮雕"特效与"彩色浮雕"特效都可以使原素材平面的图案产生浮雕的效果，与"彩色浮雕"特效不同的是，"浮雕"特效将使整体画面转换为灰色，该特效的效果如图9-18所示，其属性参数如图9-19所示。

图9-18　浮雕效果

图9-19　"浮雕"属性参数

　　"浮雕"特效中主要参数的作用如下。
○ 方向：用于设置浮雕效果的方向。
○ 起伏：用于设置浮雕效果边缘的高低。
○ 对比度：用于设置浮雕效果的明显程度。
○ 与原始图像混合：用于设置效果与原始图像的混合程度。

9.1.10 马赛克

　　"马赛克"特效是为原素材图层添加马赛克效果的特效，它是一款非常实用的特效，该特效的效果如图9-20所示，其属性参数如图9-21所示。

图9-20　马赛克效果

图9-21　"马赛克"属性参数

"马赛克"特效中主要参数的作用如下。

🌓水平块：用于设置水平方向上的马赛克块数量。

🌓垂直块：用于设置垂直方向上的马赛克块数量。

🌓锐化颜色：选中该复选框后，马赛克后的画面颜色将被锐化。

9.1.11 动态拼贴

"动态拼贴"特效可以将原素材图案进行复制，然后进行有规律的拼接，多用于背景画面的制作，该特效的效果如图 9-22 所示，其属性参数如图 9-23 所示。

图 9-22　动态拼贴效果　　　　　图 9-23　"动态拼贴"属性参数

"动态拼贴"特效中主要参数的作用如下。

🌓拼贴中心：用于设置效果的中心位置。

🌓拼贴宽度：用于设置原素材图案在拼贴时单个的宽度。

🌓拼贴高度：用于设置原素材图案在拼贴时单个的高度。

🌓输出宽度：用于设置整体拼贴效果的宽度。

🌓输出高度：用于设置整体拼贴效果的高度。

🌓镜像边缘：选中该复选框后，复制拼贴时将原素材图像进行镜像拼贴。

🌓相位：用于调整拼贴的竖向排列模式。

🌓水平位移：选中该复选框后，"相位"将用来调整拼贴的水平排列模式。

9.1.12 纹理化

"纹理化"特效用于将一个素材的图像 (如图 9-24 所示) 映射到另一个图像上 (如图 9-25 所示)，形成浮雕效果，如图 9-26 所示。

图 9-24　素材 (一)　　　　　图 9-25　素材 (二)　　　　　图 9-26　纹理化效果

"纹理化"特效的属性参数如图 9-27 所示。

"纹理化"特效中主要参数的作用如下。

- 纹理图层：用于选择纹理效果所依据的图层。
- 灯光方向：用于设置纹理的灯光方向。
- 纹理对比度：用于设置纹理的明显程度。
- 纹理位置：用于设置纹理效果相对于原素材图层的位置。

图 9-27　"纹理化"属性参数

9.2　"生成"特效组

"生成"特效组可以直接产生一些图像效果，或者将素材本身转换成一些特殊效果。下面对比较常用的生成特效进行讲解。

9.2.1　单元格图案

"单元格图案"特效可以生成一些动态纹理效果或者将原素材转换为某种纹理效果，可以模拟制造血管、微生物等效果，也可以当作马赛克效果使用，该特效的效果如图 9-28 所示，其属性参数如图 9-29 所示。

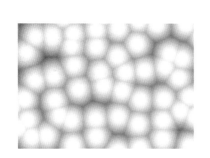

图 9-28　单元格图案效果　　　　图 9-29　"单元格图案"属性参数

"单元格图案"特效中主要参数的作用如下。

- 单元格图案：可以选择要生成的图案类型，共有 12 种类型可选。
- 反转：选中该复选框后，可以对生成的图案效果进行颜色反转。
- 对比度：用来设置图案的明暗对比度。
- 溢出：用来选择图案之间空隙处的呈现方式，其中包括"剪切""柔和固定""反绕"3 种方式。
- 分散：用来设置生成图案的分散程度。该数值越小，图案越整齐；该数值越大，图案越混乱。
- 大小：用来设置单个图案的大小。
- 偏移：用来调整生成图案的中心点位置。
- 平铺选项：选中该复选框后，可以调整图案的平铺效果。这里共有两个参数，分别是"水平单元格"和"垂直单元格"。
- 演化：改变该参数数值，并为其设置关键帧，可以生成图案随机运动的动画。
- 演化选项：可以设置图案动画的效果。这里共有 3 个参数，"循环演化"可以使演化动画循环播放，"循环 (旋转次数)"用来设置循环的次数，"随机植入"用来设置演化的随机效果。

● 9.2.2　描边

　　"描边"特效为蒙版遮罩的边框制作描边效果，可以通过设置关键帧来模拟书写动画效果，如图 9-30~图 9-32 所示。

图 9-30　描边效果（一）　　　图 9-31　描边效果（二）　　　图 9-32　描边效果（三）

　　"描边"特效的属性参数如图 9-33 所示。

　　"描边"特效中主要参数的作用如下。

🖰 路径：用来选择添加描边特效的蒙版。

🖰 所有蒙版：选中该复选框后，原图层中所有蒙版都会被添加描
　边效果。

🖰 顺序描边：选中该复选框后，蒙版之间的效果将依次进行展示；
　不选中时将同时显示效果。

🖰 颜色：设置描边的颜色。

🖰 画笔大小：设置描边的粗细。

🖰 画笔硬度：设置描边边缘的清晰度，该数值越大，边缘越清晰。

🖰 不透明度：设置描边效果的不透明度。

图 9-33　"描边"属性参数

🖰 起始：设置描边效果的开始位置。

🖰 结束：设置描边效果的结束位置。为该选项设置关键帧动画，可以生成模拟书写效果的动画。

● 9.2.3　勾画

　　"勾画"特效可以在物体周围生成光圈效果，可以利用该特效制作镜面反光动画，图 9-34 和图 9-35 所示是对图像应用"勾画"特效前后的对比效果。

图 9-34　素材效果　　　　　　　　　图 9-35　勾画效果

"勾画"特效的属性参数如图9-36所示。

"勾画"特效中主要参数的作用如下。

🍃 描边：用来选择勾画效果形成的依据。描边共有两种模式，分别是"图像等高线"和"蒙版/路径"。

🍃 图像等高线：通过修改不同参数的数值来调整特效的整体效果。

🍃 蒙版/路径：通过图层的蒙版或路径来添加效果。

🍃 片段：限制勾画路径的线条数量。

🍃 长度：限制勾画路径的线段长度。

🍃 片段分布：用来选择勾画路径线段的分布方式。片段分布共有两种方式，分别是"均匀分布"和"成簇分布"。

🍃 旋转：用来设置路径线段的旋转角度。

🍃 混合模式：用来选择效果与原图层之间的混合模式。共有4种模式，分别是"透明""超过""曝光不足"和"模板"。

🍃 颜色：用来设置勾画路径的颜色。

🍃 宽度：用来设置勾画路径的粗细。

🍃 硬度：用来设置勾画路径边缘的羽化程度。

🍃 起始点不透明度/中点不透明度/结束点不透明度：分别调整三个点位置效果的不透明度。

🍃 中点位置：用来调整中点的位置。

图9-36　"勾画"属性参数

9.2.4　写入

"写入"特效可以通过设置关键帧来模拟书写动画的效果，该特效的效果如图9-37和图9-38所示。

图9-37　写入效果(一)

图9-38　写入效果(二)

"写入"特效的属性参数如图9-39所示。

"写入"特效中主要参数的作用如下。

🍃 画笔位置：用来设置画笔的位置。调整画笔位置并设置关键帧，即可创建画笔的运动路径。

🍃 颜色：用来设置绘制的路径的颜色。

🍃 画笔大小：用来设置绘制的路径的宽度。

🍃 画笔硬度：用来设置绘制的路径边缘的模糊度。

🍃 画笔不透明度：用来设置路径的不透明度。

图9-39　"写入"属性参数

- 描边长度（秒）：用来设置画笔在每秒钟绘制路径的长度。
- 画笔间距（秒）：加大该参数数值，可以将实线路径变为虚线路径。
- 绘画时间属性：可以选择绘制时间的类型。这里共有 3 种类型，分别是"无""不透明度"和"颜色"。
- 画笔时间属性：可以选择画笔时间的类型。这里共有 4 种类型，分别是"无""大小""硬度"和"大小和硬度"。
- 绘画样式：可以选择绘制路径呈现的模式。这里共有 3 种模式，分别是"在原始图像上""在透明通道上"和"显示原始图像"。

9.2.5 四色渐变

"四色渐变"特效可以为原素材图层覆盖 4 种颜色的渐变效果，该特效的效果如图 9-40 所示，其属性参数如图 9-41 所示。

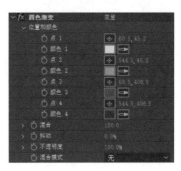

图 9-40　四色渐变效果　　　　图 9-41　"四色渐变"属性参数

"四色渐变"特效中主要参数的作用如下。

- 点 1/2/3/4：用来设置 4 种颜色的中心点位置。
- 颜色 1/2/3/4：用来设置 4 种颜色。
- 混合：用来设置 4 种颜色的混合程度，该数值越大，混合度越高。
- 抖动：用来调整 4 种颜色产生噪点的大小。
- 不透明度：用来设置 4 种颜色的不透明度。
- 混合模式：用来选择颜色效果层与原图层之间的混合模式，这里提供了 18 种模式。

9.2.6 棋盘

"棋盘"特效可以生成棋盘的纹理效果，该特效的效果如图 9-42 所示，其属性参数如图 9-43 所示。

图 9-42　棋盘效果　　　　图 9-43　"棋盘"属性参数

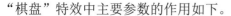

"棋盘"特效中主要参数的作用如下。

- 锚点：用来设置纹理的中心点位置。
- 大小依据：用来选择纹理的类型。这里共有3种选项，分别是"边角点""宽度滑块"和"宽度和高度滑块"。
- 宽度：用来设置单个纹理方块的宽度。
- 高度：用来设置单个纹理方块的高度。
- 羽化：用来设置边缘部分的羽化程度。
- 颜色：用来选择纹理的颜色。
- 不透明度：用来设置纹理的不透明度。
- 混合模式：用来设置纹理与原图层的混合模式。这里共有19种混合模式可选。

9.2.7 油漆桶

　　"油漆桶"特效可对原图层的某个区域进行颜色填充，该特效的效果如图9-44所示，其属性参数如图9-45所示。

图 9-44　油漆桶效果

图 9-45　"油漆桶"属性参数

　　"油漆桶"特效中主要参数的作用如下。

- 填充点：用来选择填充区域的中心点位置。
- 填充选择器：用来设置选取区域的依据。这里共有5种类型，分别是"颜色和Alpha""直接颜色""透明度""不透明度"和"Alpha通道"。
- 容差：用来设置填充颜色区域的范围大小。
- 描边：用来选择填充颜色区域边缘部分的效果。这里共有5种效果，分别是"消除锯齿""羽化""扩展""阻塞"和"描边"。
- 反转填充：选中该复选框后，填充颜色的区域将进行反转。
- 颜色：用来设置填充的颜色。
- 不透明度：用来设置填充颜色的不透明度。
- 混合模式：用来选择填充颜色与原图层之间的混合模式。这里共有19种模式可选。

9.2.8 音频波形

　　"音频波形"特效可以将音频图层生成可视的动态波形图，该特效的效果如图9-46所示，其属性参数如图9-47所示。

图 9-46　音频波形效果

图 9-47　"音频波形"属性参数

"音频波形"特效中主要参数的作用如下。

- 音频层：用来选择需要被波形展示的音频图层。
- 起始点：用来设置波形线的起始点。
- 结束点：用来设置波形线的结束点。
- 路径：用来选择某个蒙版路径，使波形图沿该路径进行显示。
- 显示的范例：用来设置波形的密集程度。
- 最大高度：用来设置波形的最大幅度。
- 音频持续时间（毫秒）：用来设置截取音频的时间。
- 音频偏移（毫秒）：用来设置音频的时间偏移数值。
- 厚度：用来设置波形线的粗细。
- 柔和度：用来设置波形线边缘的羽化程度。
- 随机植入（模拟）：用来设置波形的随机程度。
- 内部颜色：用来设置音频线内部的颜色。
- 外部颜色：用来设置音频线边缘的颜色。
- 波形选项：用来选择波形所依据的音频通道。这里共有 3 个选项，分别是"单声道""左声道"和"右声道"。
- 显示选项：用来选择波形的显示模式。这里共有 3 种模式，分别是"模拟频点""数字"和"模拟谱线"。
- 在原始图像上合成：选中该复选框后，音频波形图将与原始图像共同显示。

9.3　"透视"特效组

透视类特效主要是为素材添加透视效果，使二维平面素材产生各种三维透视变换效果。下面对比较常用的透视特效进行讲解。

9.3.1　3D 眼镜

"3D 眼镜"特效可以将两个原素材图层（如图 9-48 和图 9-49 所示）以多种模式结合在一起，模拟三维透视的效果，如图 9-50 所示。

图 9-48　素材（一）

图 9-49　素材（二）

图 9-50　3D 眼镜效果

"3D 眼镜"特效的属性参数如图 9-51 所示。

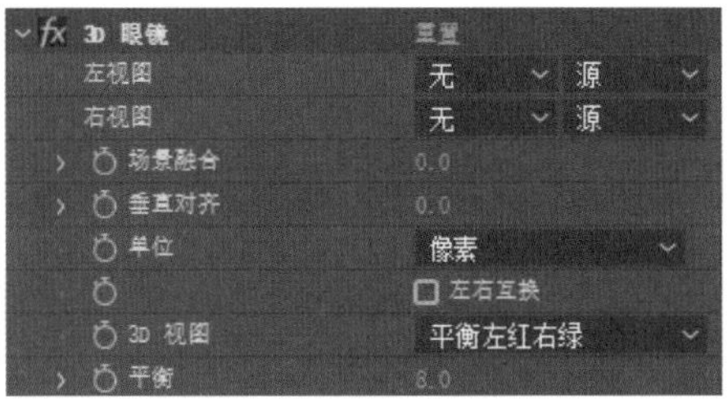

图 9-51　"3D 眼镜"属性参数

"3D 眼镜"特效中主要参数的作用如下。

- 左视图 / 右视图：用于设置左右两侧显示的素材。
- 场景融合：用于设置两个素材在场景中的左右偏移数值。
- 垂直对齐：用于设置两个素材在场景中的上下偏移数值。
- 单位：用于选择参数的单位。这里有"像素"和"源的 %"两种单位。
- 左右互换：选中该复选框后，左右素材将进行位置对调。
- 3D 视图：用于选择左右图像的叠加方式。
- 平衡：用于调节叠加效果的程度。

9.3.2　径向阴影

"径向阴影"特效可以根据素材 Alpha 通道边缘为图像添加阴影效果，图 9-52 和图 9-53 所示是对文字素材应用"径向阴影"特效前后的对比效果。

图 9-52　素材效果

图 9-53　径向阴影效果

"径向阴影"特效的属性参数如图 9-54 所示。

"径向阴影"特效中主要参数的作用如下。

- 阴影颜色：用于设置阴影的颜色。
- 不透明度：用于设置阴影的不透明度。
- 光源：用于设置光源的位置。根据光源位置的变换，阴影的位置和大小也会发生改变。
- 投影距离：用于设置阴影和原素材图层之间的距离。
- 柔和度：用于调整阴影边缘的羽化程度。
- 渲染：用于选择不同的渲染方式，其中包括"常规"和"玻璃边缘"两种方式，如图 9-55 所示。
- 颜色影响：选择"玻璃边缘"模式时，该选项被启用。用于调整原素材图层的颜色对玻璃边缘效果的影响程度。
- 仅阴影：选中该复选框后，原素材图层被隐藏，仅显示阴影部分。

图 9-54　"径向阴影"属性参数

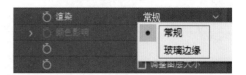

图 9-55　渲染方式

9.3.3　投影

"投影"特效与"径向阴影"特效的效果和属性相似，但不具有"玻璃边缘"效果，该特效的属性参数如图 9-56 所示。

图 9-56　"投影"属性参数

9.3.4　斜面 Alpha

"斜面 Alpha"特效通过对原素材的边缘创建圆角斜面效果，从而形成类似立体的图案，图 9-57 和图 9-58 所示是对文字素材应用"斜面 Alpha"特效前后的对比效果。

图 9-57　素材效果

图 9-58　斜面 Alpha 效果

"斜面 Alpha"特效的属性参数如图 9-59 所示

"斜面 Alpha"特效中主要参数的作用如下。

- 边缘厚度：用于设置斜面的宽度。
- 灯光角度：用于设置照亮素材的灯光角度。
- 灯光颜色：用于设置照亮素材的灯光颜色。
- 灯光强度：用于设置照亮素材的灯光强度。

图 9-59 "斜面 Alpha"属性参数

9.4 "扭曲"特效组

扭曲类特效主要是使素材图像产生扭曲、拉伸、挤压等变形效果，从而制造更丰富的画面效果。下面对比较常用的扭曲特效进行讲解。

9.4.1 CC Bend It

CC Bend It 特效用于截取素材的一部分并将其弯曲，图 9-60 和图 9-61 所示是对图像应用 CC Bend It 特效前后的对比效果。

图 9-60 素材效果

图 9-61 CC Bend It 效果

CC Bend It 特效的属性参数如图 9-62 所示。

CC Bend It 特效中主要参数的作用如下。

- Bend：用于设置素材图像的弯曲程度。为该参数设置动画关键帧，可以实现图像逐渐弯曲的动态效果。
- Start：用于设置弯曲效果中心点的位置。该位置在创建动画时固定不动。

图 9-62 CC Bend It 属性参数

- End：用于设置弯曲效果尾端的位置。该位置在创建动画时围绕着"Start"中心点进行旋转。
- Render Prestart：用于选择对原图层进行截取的方式，共有 4 种方式，如图 9-63 所示。None 用于选择原图层中心点右侧的图像；Static 用于选择原图层中心点两侧的图像，仅有右侧图像可以进行弯曲；Bend 用于选择原图层中心点两侧的图像，两侧可以同时弯曲；Mirror 用于选择原图层中心点右侧的图像，并将其镜像到左侧，两侧可以同时弯曲。
- Distort：用于选择图像在进行弯曲时的方式，共有 2 种方式，分别是"Legal"普通方式和"Extended"伸展弯曲方式，如图 9-64 所示。

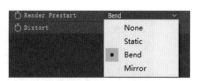

图 9-63　4 种 Render Prestart 方式

图 9-64　2 种 Distort 方式

9.4.2　CC Lens

CC Lens 特效可以为素材图层添加球形镜头扭曲的效果，该特效的效果如图 9-65 所示，其属性参数如图 9-66 所示。

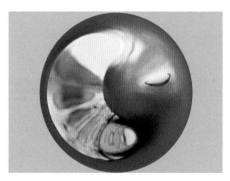

图 9-65　CC Lens 效果

图 9-66　CC Lens 属性参数

CC Lens 特效中主要参数的作用如下。

- Center：用于设置扭曲效果的中心点。
- Size：用于设置球形整体的大小。
- Convergence：用于设置扭曲的程度。

9.4.3　CC Page Turn

CC Page Turn 特效可以制作翻页效果动画，该特效的效果如图 9-67 所示，其属性参数如图 9-68 所示。

图 9-67　CC Page Turn 效果

图 9-68　CC Page Turn 属性参数

CC Page Turn 特效中主要参数的作用如下。

- Controls：用于选择翻页效果的类型，共有 5 种类型，分别是经典翻页、左上角翻页、右上角翻页、左下角翻页、右下角翻页。选择经典翻页模式时，会有更多的参数被开启，可以更细致地调整效果。

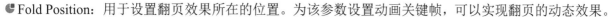

● Fold Position：用于设置翻页效果所在的位置。为该参数设置动画关键帧，可以实现翻页的动态效果。

● Fold Direction：用于设置翻页时的角度。该控件只有在选择经典翻页模式时才会被启用。

● Fold Radius：用于设置翻页时折叠线处的柔和程度。

● Light Direction：用于设置折叠线处反光的角度。

● Render：用于选择效果被显示出来的部分，共有3个选项，分别是"Front & Back Page"全部显示、"Back Page"只显示翻页效果部分、"Front Page"只显示未被翻动的部分。

● Back Page：可以选择原图层背面的图像。

● Back Opacity：用于设置翻页效果背面图像的不透明度。

● Paper Color：用于设置翻页效果背面的颜色。

9.4.4 球面化

"球面化"特效可以为原素材的某个部位制造球面凸起效果，该特效的效果如图 9-69 所示，其属性参数如图 9-70 所示。

图 9-69 球面化效果

图 9-70 "球面化"属性参数

"球面化"特效中主要参数的作用如下。

● 半径：用于设置球面效果的半径大小。

● 球面中心：用于设置球面效果的中心点位置。

9.4.5 镜像

"镜像"特效可以模拟镜子反射的效果，将原素材图像的某个区域进行复制且对称显示，该特效的效果如图 9-71 所示，其属性参数如图 9-72 所示。

图 9-71 镜像效果

图 9-72 "镜像"属性参数

"镜像"特效中主要参数的作用如下。

- 反射中心：用于设置反射效果的中心点位置。
- 反射角度：用于设置反射效果相对于原素材的角度。

9.4.6　湍流置换

"湍流置换"特效可以将平面素材转换为波纹扭曲效果，还可为波纹创建运动动画，该特效的效果如图 9-73 所示，其属性参数如图 9-74 所示。

图 9-73　湍流置换效果

图 9-74　"湍流置换"属性参数

"湍流置换"特效中主要参数的作用如下。

- 置换：用于选择波纹纹路的类型。
- 数量：用于设置波纹的密集程度。
- 大小：用于设置波纹效果的大小。
- 偏移 (湍流)：用于设置效果中心点的位置。
- 复杂度：用于设置波纹效果的复杂程度。
- 演化：通过为该参数设置关键帧动画，可以使波纹效果运动起来。
- 演化选项：用于设置演化时的参数依据。

9.4.7　旋转扭曲

"旋转扭曲"特效可以将原素材转换为旋涡效果，该特效的效果如图 9-75 所示，其属性参数如图 9-76 所示。

图 9-75　旋转扭曲效果

图 9-76　"旋转扭曲"属性参数

"旋转扭曲"特效中主要参数的作用如下。

💡 角度：用于调整扭曲的方向和程度。

💡 旋转扭曲半径：用于设置旋涡效果半径的大小。

💡 旋转扭曲中心：用于设置旋涡效果中心点的位置。

● 9.4.8　波形变形

"波形变形"特效可以为原素材图层添加水平波浪效果，该特效的效果如图 9-77 所示，其属性参数如图 9-78 所示。

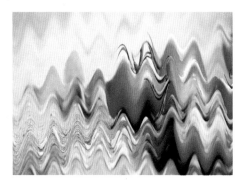

图 9-77　波形变形效果

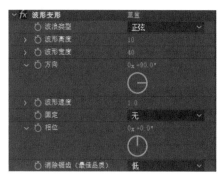

图 9-78　"波形变形"属性参数

"波形变形"特效中主要参数的作用如下。

💡 波浪类型：用于选择波浪的种类，共有 9 种类型可选。

💡 波形高度 / 波形宽度：用于设置波浪的高度和宽度。

💡 方向：用于设置波浪的方向。

💡 波形速度：用于设置波浪效果在生成动画后的运动速度。

💡 固定：用于选择图像中不受波浪效果影响的区域。

💡 相位：用于设置波浪扩散的方向。为该参数添加动画关键帧，可以模拟波浪扩散的效果。

💡 消除锯齿 (最佳品质)：用于选择添加特效后图像的品质，共有"低""中"和"高"3 个选项。

● 9.4.9　波纹

"波纹"特效可以为原素材图层添加圆形水波纹效果，该特效的效果如图 9-79 所示，其属性参数如图 9-80 所示。

图 9-79　波纹效果

图 9-80　"波纹"属性参数

"波纹"特效中主要参数的作用如下。

🔹半径：用于设置波纹效果的整体大小。该数值越大，扩散的范围越大。

🔹波纹中心：用于设置波纹效果的中心点位置。

🔹转换类型：用于选择波纹的类型，共有两种类型，分别是"对称"和"不对称"。

🔹波形速度：用于设置波纹效果在生成动画后的运动速度。

🔹波形宽度：用于设置波纹之间的宽度。

🔹波形高度：用于设置波纹的密度。

🔹波纹相：用于设置波纹扩散的角度。为该参数添加动画关键帧，可以模拟波纹扩散的效果。

9.4.10 边角定位

"边角定位"特效可以使图像的四个顶点发生位移，以达到变形画面的效果，该特效的效果如图 9-81 所示，其属性参数中的 4 个选项分别代表图像四个顶点的坐标，如图 9-82 所示。

图 9-81 边角定位效果

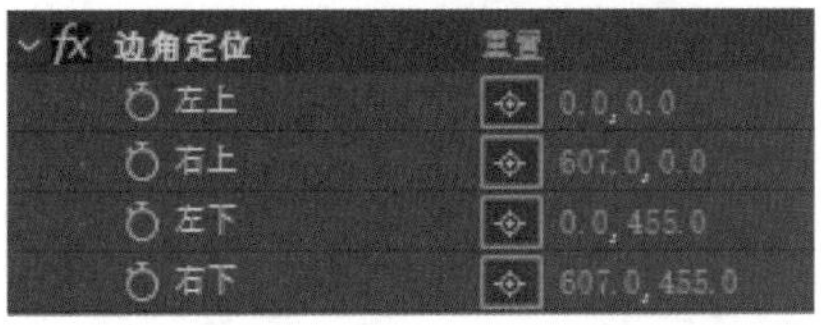

图 9-82 "边角定位"属性参数

"边角定位"特效中各参数的作用如下。

🔹左上：设置图像左上角的坐标位置。

🔹右上：设置图像右上角的坐标位置。

🔹左下：设置图像左下角的坐标位置。

🔹右下：设置图像右下角的坐标位置。

练习实例：制作五画同映	
文件路径	第 9 章 \ 五画同映
技术掌握	扭曲特效的基本操作方法和技巧

01 新建一个项目，然后将所需素材导入"项目"面板中，如图 9-83 所示。

图 9-83 导入素材

02 新建一个合成，在"合成设置"对话框中设置视频的宽度、高度和持续时间，如图 9-84 所示，单击"确定"按钮。

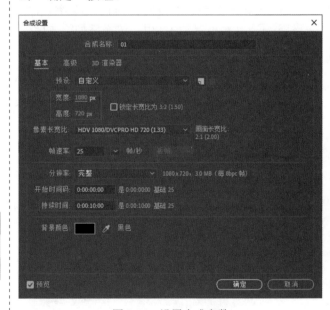

图 9-84 设置合成参数

03 将导入的素材添加到图层列表中，如图 9-85 所示，在"合成"面板中预览图像效果，如图 9-86 所示。

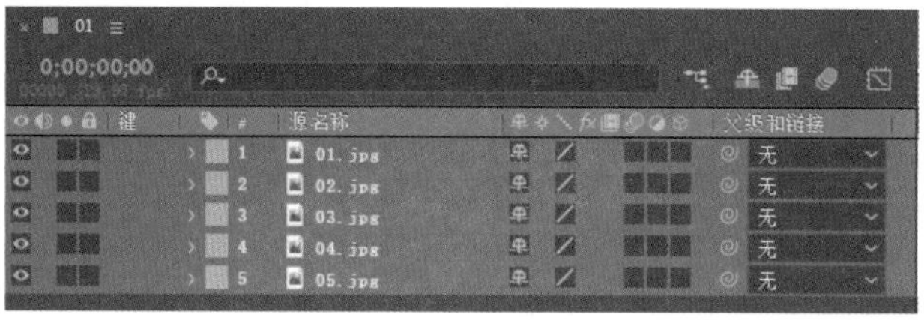

图 9-85　添加素材

图 9-88　设置图层 1 关键帧（一）

06 将时间指示器移到第 1 秒的位置，设置"左下"的坐标为"270,180"，设置"右下"的坐标为"810,180"，系统将为这两个选项自动添加一个关键帧，如图 9-89 所示。

图 9-89　设置图层 1 关键帧（二）

图 9-86　图像效果

04 在图层列表中选中上面 4 个图层，然后选择"效果"|"扭曲"|"边角定位"菜单命令，将"边角定位"效果分别添加到这 4 个图层上，如图 9-87 所示。

07 将时间指示器移到第 1 秒的位置，在"合成"面板中进行影片预览，效果如图 9-90 所示。

图 9-90　第 1 秒预览效果

图 9-87　添加"边角定位"特效

05 将时间指示器移到第 0 秒的位置，展开第一个图层中的"边角定位"效果选项组，单击"左下"和"右下"选项前面的"关键帧控制器"按钮，在当前时间位置为这两个选项各添加一个关键帧，如图 9-88 所示。

08 将时间指示器移到第 2 秒的位置，展开第二个图层中的"边角定位"效果选项组，为"左上"和"右上"选项各添加一个关键帧，如图 9-91 所示。

09 将时间指示器移到第 3 秒的位置，为"左上"和"右上"选项各添加一个关键帧，设置"左上"坐标为"270,540"，设置"右上"坐标为"810,540"，如图 9-92 所示。

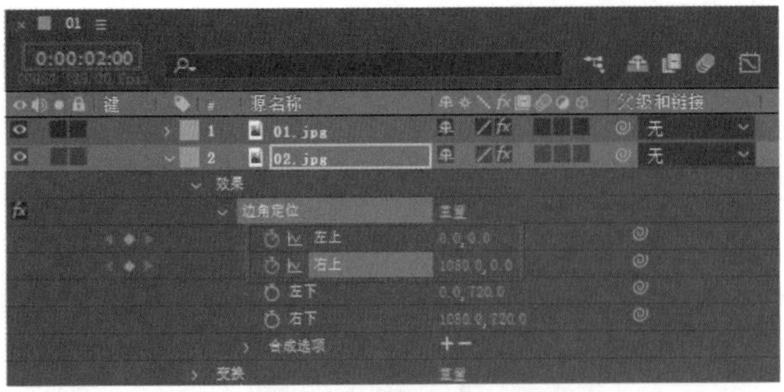

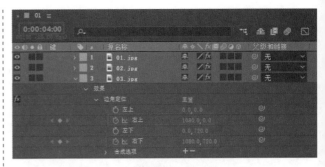

图 9-91　设置图层 2 关键帧（一）

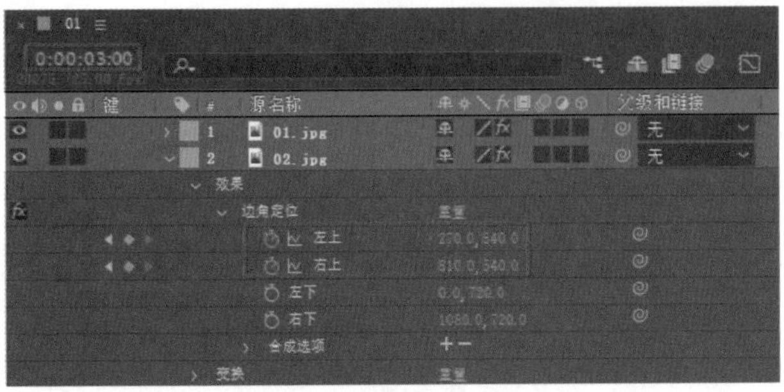

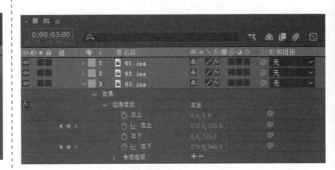

图 9-94　设置图层 3 关键帧（一）

图 9-92　设置图层 2 关键帧（二）

图 9-95　设置图层 3 关键帧（二）

10 将时间指示器移到第 3 秒的位置，在"合成"面板中进行影片预览，效果如图 9-93 所示。

图 9-93　第 3 秒预览效果

图 9-96　第 5 秒预览效果

14 将时间指示器移到第 6 秒的位置，展开第四个图层中的"边角定位"效果选项组，为"左上"和"左下"选项各添加一个关键帧，如图 9-97 所示。

11 将时间指示器移到第 4 秒的位置，展开第三个图层中的"边角定位"效果选项组，为"右上"和"右下"选项各添加一个关键帧，如图 9-94 所示。

12 将时间指示器移到第 5 秒的位置，继续为"右上"和"右下"选项各添加一个关键帧，设置"右上"坐标为"270,180"，设置"右下"坐标为"270,540"，如图 9-95 所示。

13 将时间指示器移到第 5 秒的位置，在"合成"面板中进行影片预览，效果如图 9-96 所示。

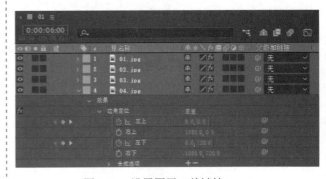

图 9-97　设置图层 4 关键帧（一）

15 将时间指示器移到第7秒的位置,继续为"左上"和"左下"选项各添加一个关键帧,设置"左上"坐标为"810,180",设置"左下"坐标为"810,540",如图9-98所示。

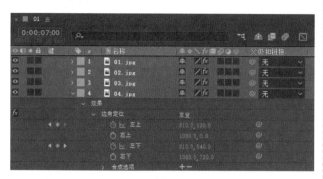

图9-98 设置图层4关键帧(二)

16 将时间指示器移到第7秒的位置,在"合成"面板中进行影片预览,效果如图9-99所示。

图9-99 第7秒预览效果

17 将时间指示器移到第8秒的位置,展开第五个图层中的"变换"选项组,为"缩放"选项添加一个关键帧,如图9-100所示。

18 将时间指示器移到第9秒的位置,为"缩放"选项添加一个关键帧,并设置"缩放"值为50%,

如图9-101所示,完成本例的制作。

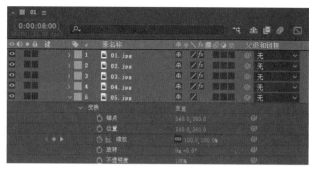

图9-100 设置图层5关键帧(一)

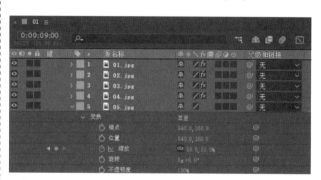

图9-101 设置图层5关键帧(二)

19 按空格键对影片进行播放,在"合成"面板中可以预览应用"边角定位"特效的动画效果,如图9-102所示。

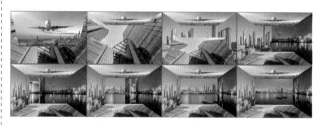

图9-102 五画同映动画效果

9.4.11 置换图

"置换图"特效可以根据指定的控件图层中的像素颜色值置换像素,从而扭曲图层中的图像,其扭曲效果取决于选择的控件图层和选项设置,图9-103~图9-105所示是对素材应用"置换图"特效前后的对比效果。

图 9-103　原素材

图 9-104　置换素材

图 9-105　置换图效果

　　"置换图"特效的属性参数如图 9-106 所示。

　　"置换图"特效中主要参数的作用如下。

🖝 置换图层：用于选择产生置换效果所依据的图层。

🖝 用于水平置换 / 用于垂直置换：分别用于选择水平和垂直方
向置换效果产生所依据的模式。

🖝 最大水平置换 / 最大垂直置换：分别用于设置水平和垂直方
向上置换效果的明显程度。

🖝 置换图特性：用于选择置换图层的映射方式。这里有"中心
图""伸缩对应图以适合"和"拼贴图"3 种映射方式。

图 9-106　"置换图"属性参数

9.5　"模糊和锐化"特效组

　　模糊和锐化特效主要是通过改变原素材的模糊度或清晰度来生成特殊的艺术效果，从而创建更丰富
的画面效果。根据使用效果的不同，模糊和锐化的效果和区域也不同，用户也可以通过关键帧的设置来
实现模糊与清晰之间的动画效果。下面对比较常用的模糊和锐化特效进行讲解。

● 9.5.1　CC Cross Blur

　　CC Cross Blur 特效可以为原素材创建水平或垂直方向上的模糊效果，图 9-107 和图 9-108 所示是对原
素材运用 CC Cross Blur 特效前后的对比效果。

图 9-107　素材效果

图 9-108　CC Cross Blur 效果

　　CC Cross Blur 特效的属性参数如图 9-109 所示。

CC Cross Blur 特效中主要参数的作用如下。

🍃Radius X：用于设置水平方向上的模糊程度。

🍃Radius Y：用于设置垂直方向上的模糊程度。

🍃Transfer Mode：用于选择模糊效果与原素材图像之间的混合模式。

🍃Repeat Edge Pixels：选中该复选框，可以使模糊掉的边缘部分清晰显示。

图 9-109　CC Cross Blur 属性参数

9.5.2　CC Radial Blur

CC Radial Blur 特效可以为原素材图像创建径向的模糊效果，如图 9-110 和图 9-111 所示。

图 9-110　CC Radial Blur 效果 (一)

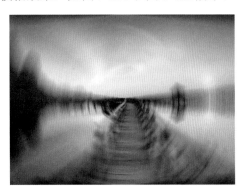

图 9-111　CC Radial Blur 效果 (二)

CC Radial Blur 特效的属性参数如图 9-112 所示。

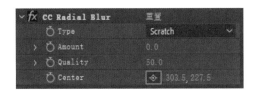

图 9-112　CC Radial Blur 属性参数

CC Radial Blur 特效中主要参数的作用如下。

🍃Type：用于选择镜像模糊的类型，共有 7 种类型，每个类型都可以生成不同样式的模糊效果。

🍃Amount：用于设置模糊的程度。

🍃Quality：用于设置模糊的质量。

🍃Center：用于设置效果的中心点位置。

9.5.3　CC Vector Blur

CC Vector Blur 特效可以为原素材图像创建矢量模糊效果，该特效根据原素材图像的颜色将图像进行色块模糊，从而形成矢量模糊效果，如图 9-113 所示，其属性参数如图 9-114 所示。

图 9-113　CC Vector Blur 效果　　　　　　　图 9-114　CC Vector Blur 属性参数

CC Vector Blur 特效中主要参数的作用如下。

🐭 Type：用于选择矢量模糊的类型。

🐭 Amount：用于设置模糊的程度。

🐭 Angle Offset：用于设置模糊的角度偏移。

🐭 Ridge Smoothness：用于调整模糊边缘的平滑度。

🐭 Vector Map：用于选择图层作为矢量模糊产生时的依据。

🐭 Property：用于选择矢量模糊在生成时所依据的图层通道类型。

🐭 Map Softness：用于设置 Vector Map 中选择图层所生成模糊的柔化程度。

● 9.5.4　复合模糊

"复合模糊"特效可以根据参考图层的颜色和对比度，使原素材图层产生模糊效果，如图 9-115 所示，其属性参数如图 9-116 所示。

图 9-115　复合模糊效果　　　　　　　图 9-116　"复合模糊"属性参数

"复合模糊"特效中主要参数的作用如下。

🐭 模糊图层：用来选择模糊产生时所依据的参考图层。

🐭 最大模糊：用于设置模糊的强度。

🐭 伸缩对应图以适合：选中该复选框后，可以将参考图层和原素材图层的大小进行调整，使二者统一。

🐭 反转模糊：选中该复选框后，模糊效果将被反转。

9.5.5　通道模糊

"通道模糊"特效通过对素材图层中不同的颜色通道进行模糊处理来实现不同的模糊效果，图9-117所示是对红色通道进行模糊的效果，该特效的属性参数如图9-118所示。

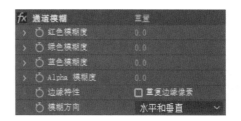

图 9-117　通道模糊效果　　　　　　图 9-118　"通道模糊"属性参数

"通道模糊"特效中主要参数的作用如下。

- 红色模糊度/绿色模糊度/蓝色模糊度/Alpha模糊度：分别用于设置红色通道、绿色通道、蓝色通道、Alpha通道的模糊程度。
- 边缘特性：选中"重复边缘像素"复选框后，原素材图层的边缘部分将不受模糊效果的影响。
- 模糊方向：用来选择模糊效果的方向，其中包括"水平和垂直""水平""垂直"3个方向。

9.5.6　径向模糊

"径向模糊"特效与CC Radial Blur特效相似，都是为原素材图层创建径向旋转模糊效果，如图9-119所示。不同的地方在于"径向模糊"特效的属性参数中有一个控制器，可以直观地查看设置效果，如图9-120所示。

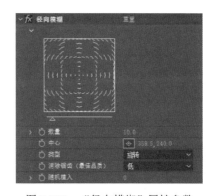

图 9-119　径向模糊效果　　　　　　图 9-120　"径向模糊"属性参数

"径向模糊"特效中主要参数的作用如下。

- 数量：用来调整变形效果的模糊程度。
- 中心：用于设置径向模糊效果的中心点位置。
- 类型：用来选择效果的类型。
- 消除锯齿(最佳品质)：用来选择对效果产生锯齿的消除程度。

"锐化"特效可以提高原素材图像的对比度和清晰度,该特效的效果如图 9-121 所示,其属性参数中只有"锐化量"一个参数,用于设置锐化的程度,如图 9-122 所示。

图 9-121　锐化效果

图 9-122　"锐化"属性参数

练习实例:制作太空飞人	
文件路径	第 9 章\太空飞人
技术掌握	为图片添加逐渐模糊的动画

01 新建一个项目,然后导入"飞行 .psd"素材,在导入该素材时设置导入种类为"合成 - 保持图层大小",如图 9-123 所示。

图 9-123　设置素材的导入种类

02 选择"合成"|"新建合成"菜单命令,在打开的"合成设置"对话框中设置"预设"为 NTSC DV,设置"持续时间"为 0:00:06:00,然后单击"确定"按钮,建立一个新的合成,如图 9-124 所示。

图 9-124　新建合成

03 将导入的素材添加到"时间轴"面板的图层列表中,并按照如图 9-125 所示的顺序进行排列,在"合成"面板中对图像进行预览,效果如图 9-126 所示。

图 9-125　将素材添加到图层列表中

04 将时间指示器调至 00:00:00:00 的位置,在图层列表中选中上方的图层,展开"变换"选项组,然后单击"位置"和"缩放"选项左侧的"关键帧控制器"按钮,在当前时间位置为这两个选项各添加一个关键帧,并设置其参数,如图 9-127 所示。

05 将时间指示器调至 00:00:05:00 的位置,然后修改"位置"和"缩放"选项参数,并在当前时间位置为这两个选项各添加一个关键帧,如图 9-128 所示。

After Effects 2022 影视特效标准教程(微课版)(全彩版)

图 9-126　图像效果

图 9-127　设置关键帧（一）

图 9-128　设置关键帧（二）

06 按空格键对影片进行播放，在"合成"面板中可以预览图像的运动效果，如图 9-129 所示。

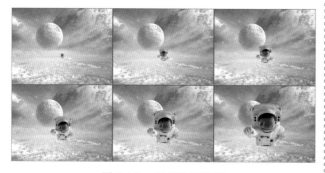

图 9-129　飞行动画效果

07 在"图层"列表中选中下方的图层，然后选择"效果"|"模糊和锐化"|CC Radial Blur 菜单命令，

为素材添加 CC Radial Blur 效果。

08 在"时间轴"面板的图层列表中，展开"效果"|CC Radial Blur 选项组，可以显示添加的效果，然后将模糊类型设置为 Straight Zoom(缩放)，如图 9-130 所示。

图 9-130　添加 CC Radial Blur 效果

09 将时间指示器调至 00:00:00:00 的位置，然后在"时间轴"面板中单击 Amount(数量) 选项左侧的"关键帧控制器"按钮，在当前时间位置添加一个关键帧，如图 9-131 所示。

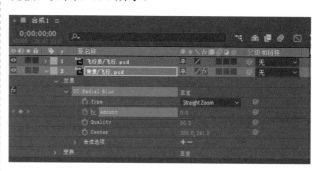

图 9-131　设置关键帧（一）

10 将时间指示器调至 00:00:05:29 的位置。将 Amount (数量) 的参数修改为 60，并自动添加一个关键帧，如图 9-132 所示。

图 9-132　设置关键帧（二）

11 按空格键对影片进行播放，在"合成"面板中可以预览飞行动画效果，如图 9-133 所示。

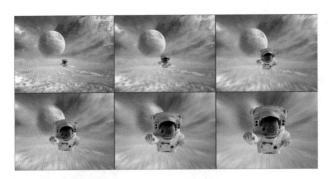

图 9-133　飞行动画效果

9.6　本章小结

　　本章主要讲解了 After Effects 的常用特效，主要包括"风格化"特效组、"生成"特效组、"透视"特效组、"扭曲"特效组、"模糊和锐化"特效组中的特效。通过本章的学习，读者可以制作出常见特效的效果。

9.7　思考和练习

　　1. 要创建融化的效果可以使用什么特效？

　　2. "浮雕"特效与"彩色浮雕"特效有何相同之处和不同之处？

　　3. 通过设置关键帧来模拟书写动画效果，可以使用哪些特效？

　　4. "波形变形"特效与"波纹"特效有什么区别？

　　5. 使用什么特效可以通过对素材图层中不同的颜色通道进行模糊处理来实现不同的模糊效果？

　　6. "径向模糊"特效与 CC Radial Blur 特效有何相同之处和不同之处？

　　7. 创建一个项目和一个合成，然后导入素材，练习应用本章讲解的常用特效。

第10章 视频过渡

　　视频过渡是指编辑电视节目或影视媒体时，在不同的镜头间加入过渡效果。视频过渡
效果被广泛应用于影视媒体创作中，是比较常见的技术手段。本章将介绍视频过渡的相关
知识与应用，包括视频过渡的依据、应用视频过渡效果和各类视频过渡效果详解。

本章学习目标

10.1　视频过渡的依据

将视频作品中的一个场景切换到另一个场景，是一次视频过渡。一组镜头一般是在同一时空中完成的，因此时间和地点就是场景切换的很好依据。当然有时候在同一时空中也可能有好几组镜头，也就有好几个场面，而情节段落则是按情节发展结构的起承转换等内在节奏来过渡的。

10.1.1　时间的转换

影视节目中的拍摄场面，如果在时间上发生转移，有明显的省略或中断，就可以依据时间的中断来划分场面。在镜头语言的叙述中，时间的转换一般是很快的，这期间转换的时间中断处，就可以是场面的转换处。

10.1.2　空间的转换

在叙事场景中，经常要做空间转换，一般每组镜头段落都是在不同的空间里拍摄的，如脚本里的内景、外景、居室、沙滩等，故事片中的布景也随场面的不同而随时更换。因此空间的变更就可以作为场面的划分处。如果空间变了，还不做场面划分，又不用某种方式暗示观众，就可能会引起混乱。

10.1.3　情节的转换

一部影视作品的情节结构由内在线索发展而成，一般来说都有开始、发展、转折、高潮和结束的过程。这些情节的每一个阶段，就形成一个个情节的段落，无论是倒叙、顺叙、插叙、闪回、联想，都离不开情节发展中的一个阶段性的转折，可以依据这点来做情节段落的划分。

总之，场面和段落是影视作品中基本的结构形式，作品里内容的结构层次依据段落来表现。因此，场面过渡首先是叙述内在逻辑上的要求，同时也是叙述外在节奏上的要求。

10.2　应用视频过渡特效

要使两个素材的切换更自然、变化更丰富，就需要加入 After Effects 提供的各种过渡效果，达到丰富画面的目的。

10.2.1　添加视频过渡特效

过渡特效主要为视频添加转场效果，用于实现视频镜头的转换效果。After Effects 的过渡特效可以直接添加在图层之上，并且具有丰富的转场效果。在 After Effects 中为素材添加视频过渡效果的方法有如下两种。

1. 通过菜单命令添加视频过渡特效

在图层列表中选中要添加视频过渡的图层，然后选择"效果"|"过渡"菜单命令，在弹出的子菜单命令中选择所需的过渡效果，如图 10-1 所示。

2. 通过功能面板添加视频过渡特效

打开"效果和预设"面板，展开"过渡"选项组，在其中选择需要的过渡特效，将其拖至需要添加过渡特效的图层上即可，如图 10-2 所示。

图 10-1 通过菜单命令添加视频过渡

图 10-2 通过功能面板添加视频过渡

10.2.2 设置视频过渡特效

在 After Effects 中制作视频过渡效果的方法与其他视频编辑软件不同，它的过渡特效需要通过设置关键帧，并在不同关键帧位置设置不同的过渡完成百分比来实现过渡，如图 10-3 和图 10-4 所示。

图 10-3 设置"过渡完成"关键帧（一）

图 10-4 设置"过渡完成"关键帧（二）

知识点滴：

在图层上添加过渡特效后，在过渡特效的属性中有一个"过渡完成"选项或 Completion 选项，大部分过渡特效的该选项默认值为 0，意味着过渡效果还未开始，因此不会产生任何变化，只有当"过渡完成"的值为 100% 时，过渡效果才全部完成。

练习实例：制作动态照片

文件路径	第 10 章 \ 动态照片
技术掌握	为静态图片添加动态过渡效果的方法和技巧

01 新建一个项目，然后将所需素材导入"项目"面板中，如图 10-5 所示。

图 10-5　导入素材

02 新建一个合成，在"合成设置"对话框中设置视频的宽度、高度和持续时间，如图 10-6 所示，单击"确定"按钮。

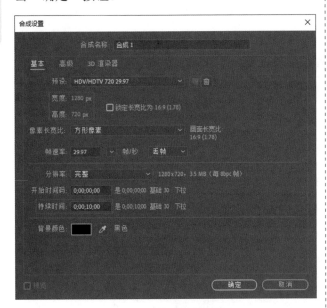

图 10-6　设置合成参数

03 将导入的素材添加到图层列表中，如图 10-7 所示，在"合成"面板中预览图像效果，如图 10-8 所示。

04 在图层列表中选中第一个图层，然后选择"效果" | "过渡" | "百叶窗"菜单命令，在第一个图层上添加"百叶窗"特效，再将"宽度"参数设置为80，如图 10-9 所示。

图 10-7　添加素材

图 10-8　图像效果

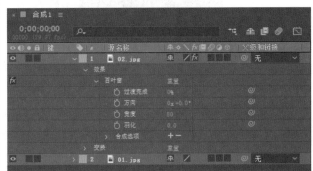

图 10-9　添加"百叶窗"特效并设置参数

05 在"时间轴"面板中将时间指示器调至00:00:00:00 的位置，单击"百叶窗"特效中的"过渡完成"选项前面的"关键帧控制器"按钮，保持其参数值为 0 不变，设置起始关键帧，如图 10-10 所示。

图 10-10　设置关键帧 (一)

06 在"时间轴"面板中将时间指示器调至 00:00:05:00 的位置，将"过渡完成"参数设置为 100%，添加终止关键帧，如图 10-11 所示。

图 10-11　添加终止关键帧

07 按空格键对影片进行播放，在"合成"面板中可以预览运用"百叶窗"特效后，影片从第一个图层图像过渡到下一个图层图像的动态视频效果，如图 10-12 所示。

图 10-12　"百叶窗"特效动态视频效果

10.3　"过渡"特效详解

After Effects 2022 提供了 17 种过渡特效供用户使用，下面以如图 10-13 和图 10-14 所示的两个图像分别作为图层 1 和图层 2 中的对象，对 After Effects 中的过渡特效进行介绍。

图 10-13　图层 1 中的图像

图 10-14　图层 2 中的图像

10.3.1　渐变擦除

"渐变擦除"特效根据两个图层的图像亮度差来实现擦除转场效果，如图 10-15 所示。

图 10-15　渐变擦除效果

"渐变擦除"特效的属性参数如图 10-16 所示。

"渐变擦除"特效中主要参数的作用如下。

- 过渡完成：用来设置特效对于图像产生效果的完成度。为该参数设置动画关键帧，可以实现图像转场的动态效果。

图 10-16　"渐变擦除"属性参数

- 过渡柔和度：用来设置效果边缘的羽化程度。
- 渐变图层：用来选择生成渐变效果的图层。
- 渐变位置：用来选择渐变图层相对于原素材图层的位置，共有 3 个选项，分别是"拼贴渐变""中心渐变"和"伸缩渐变以适合"。
- 反转渐变：选中该复选框后，渐变效果将被反转。

10.3.2　卡片擦除

"卡片擦除"特效可将原图层图像分为若干个小卡片，并使这些卡片进行旋转，从而实现擦除转场效果，如图 10-17 所示。

图 10-17　卡片擦除效果

"卡片擦除"特效的属性参数如图 10-18 所示。

"卡片擦除"特效中主要参数的作用如下。

- 过渡完成：用来设置特效对于图像产生效果的完成度。为该参数设置动画关键帧，可以实现图像转场的动态效果。
- 过渡宽度：用来设置卡片之间旋转时的时间差。
- 背面图层：用来选择原图层在进行卡片反转时的背面图层。
- 行数和列数：可以选择行数和列数的调控方式。"独立"选项指行数和列数可以分开设置；"列数受行数控制"选项指设置行数数值时，列数数值随之改变。
- 行数 / 列数：用来设置行数和列数的数值。
- 卡片缩放：用来设置效果对原图层的缩放比例。
- 翻转轴：用来选择卡片翻转时的坐标轴，共有 3 个选项，分别是 X、Y 和"随机"。
- 翻转方向：用来选择卡片翻转时的方向，共有 3 个选项，分别是"正向""反向"和"随机"。
- 翻转顺序：用来选择卡片翻转时的顺序，共有 9 个选项可选。
- 渐变图层：用来选择一个渐变图层来影响卡片翻转的效果。

图 10-18　"卡片擦除"属性参数

- 随机时间：用来设置卡片在进行翻转时，时间差的随机性。
- 随机植入：用来设置卡片翻转效果的随机性。
- 摄像机系统：在右侧的下拉列表中可以选择摄像机系统，包括"摄像机位置""边角定位"和"合成摄像机"3种。
- 摄像机位置：用于设置摄像机位置的相关参数，只有在"摄像机系统"下拉列表中选择"摄像机位置"选项时，该选项组的参数才会被激活。
- 边角定位：用于设置擦除的边角参数，只有在"摄像机系统"下拉列表中选择"边角定位"选项时，该选项组的参数才会被激活。
- 灯光：用来设置擦除特效的灯光效果。
- 材质：用来设置擦除特效的材质效果。
- 位置抖动：用来设置擦除特效的位置抖动参数。
- 旋转抖动：用来设置擦除特效的旋转抖动参数。

10.3.3 光圈擦除

"光圈擦除"特效是模拟多边形图形扩大的形式来实现擦除转场效果，用户可以调整光圈的形状，效果如图10-19~图10-21所示。

图10-19　光圈擦除效果（一）　　图10-20　光圈擦除效果（二）　　图10-21　光圈擦除效果（三）

"光圈擦除"特效的属性参数如图10-22所示。

"光圈擦除"特效中主要参数的作用如下。

- 光圈中心：用来设置效果的中心点位置。
- 点光圈：用来设置图形样式。
- 外径：用来设置图形外半径的大小。为该参数设置动画关键帧，可以实现图像转场的动态效果。
- 内径：用来设置图形内半径的大小。
- 旋转：用来设置图形旋转的角度。
- 羽化：用来设置图形边缘的模糊度。

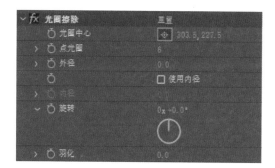

图10-22　"光圈擦除"属性参数

10.3.4 块溶解

"块溶解"特效是模拟斑驳形状并逐步溶解的过程，从而实现擦除转场效果，如图10-23所示。

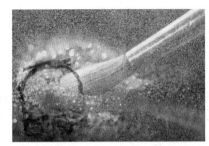

图 10-23　块溶解效果

"块溶解"特效的属性参数如图 10-24 所示。

"块溶解"特效中主要参数的作用如下。

- 过渡完成：用来设置特效对于图像产生效果的完成度。为该参数设置动画关键帧，可以实现图像转场的动态效果。
- 块宽度：用来设置块状图形整体的宽度。
- 块高度：用来设置块状图形整体的高度。

图 10-24　"块溶解"属性参数

- 羽化：用来设置图形整体的羽化程度。
- 柔化边缘 (最佳品质)：选中该复选框后，形状的边缘将添加模糊效果。

10.3.5　百叶窗

"百叶窗"特效是模拟百叶窗的关闭形式来实现擦除转场效果，如图 10-25 所示。

图 10-25　百叶窗效果

"百叶窗"特效的属性参数如图 10-26 所示。

"百叶窗"特效中主要参数的作用如下。

- 过渡完成：用来设置特效对于图像产生效果的完成度。为该参数设置动画关键帧，可以实现图像转场的动态效果。
- 方向：用来设置效果的角度方向。
- 宽度：用来设置百叶窗效果的宽度。
- 羽化：用来设置百叶窗效果边缘的模糊程度。

图 10-26　"百叶窗"属性参数

10.3.6　径向擦除

"径向擦除"特效是通过径向旋转来实现擦除转场效果，如图 10-27 所示。

图 10-27　径向擦除效果

"径向擦除"特效的属性参数如图 10-28 所示。

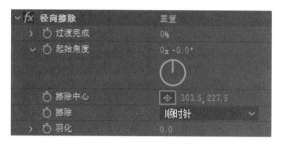

图 10-28　"径向擦除"属性参数

"径向擦除"特效中主要参数的作用如下。

- 过渡完成：用来设置特效对于图像产生效果的完成度。为该参数设置动画关键帧，可以实现图像转场的动态效果。
- 起始角度：用来设置效果的起始位置。
- 擦除中心：用来设置效果的中心点位置。
- 擦除：用来选择擦除运动的方式，共有 3 个选项，分别是"顺时针""逆时针"和"两者兼有"。
- 羽化：用来设置效果边缘的羽化程度。

练习实例：制作倒计时	
文件路径	第 10 章 \ 倒计时
技术掌握	"径向擦除"特效的应用，复制特效的方法和技巧

01 新建一个项目，然后将所需倒计时数字素材和片头影片导入"项目"面板中，如图 10-29 所示。

02 新建一个合成，在"合成设置"对话框中设置视频的宽度、高度和持续时间等，如图 10-30 所示，单击"确定"按钮。

03 将导入的数字素材按如图 10-31 所示的顺序添加到图层列表中，在"合成"面板中预览图像的效果，如图 10-32 所示。

图 10-29　导入素材

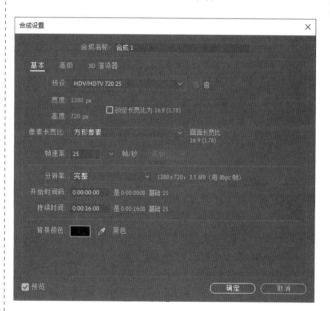

图 10-30　设置合成参数

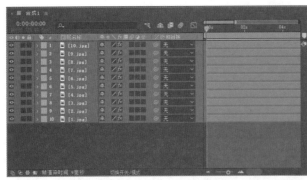

图 10-31　添加素材

图 10-32　图像效果

04 将片头影片添加到图层列表的最下方，然后将时间指示器调至 00:00:10:00 的位置，再拖动片头影片的入点（即起始）到该时间位置，如图 10-33 所示。

图 10-33　调整片头影片的入点

05 在"效果和预设"面板中展开"过渡"特效组，然后选择"径向擦除"特效，如图 10-34 所示，将其添加到最上方的图层中。

06 将时间指示器调至 00:00:00:05 的位置，在图层列表中设置"径向擦除"特效的"过渡完成"参数为 0，并添加一个关键帧，如图 10-35 所示。

图 10-34　选择"径向擦除"特效

图 10-35　设置"过渡完成"关键帧（一）

07 将时间指示器调至 00:00:01:00 的位置，在图层列表中设置"径向擦除"特效的"过渡完成"参数为 100%，并添加一个关键帧，如图 10-36 所示。

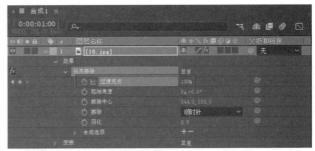

图 10-36　设置"过渡完成"关键帧（二）

08 按空格键对影片进行播放，可以在"合成"面板中预览应用"径向擦除"特效的动画效果，如图 10-37 所示。

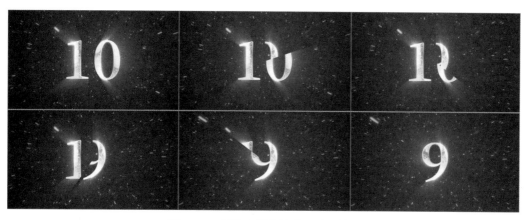

图 10-37　预览"径向擦除"动画效果

09 在图层列表中选择设置好的"径向擦除"特效，然后按 Ctrl+C 组合键对其进行复制，再将时间指示器移至 0:00:01:05 的位置，选择上方第二个数字图层，然后按 Ctrl+V 组合键将复制的"径向擦除"特效粘贴到该图层上，如图 10-38 所示。

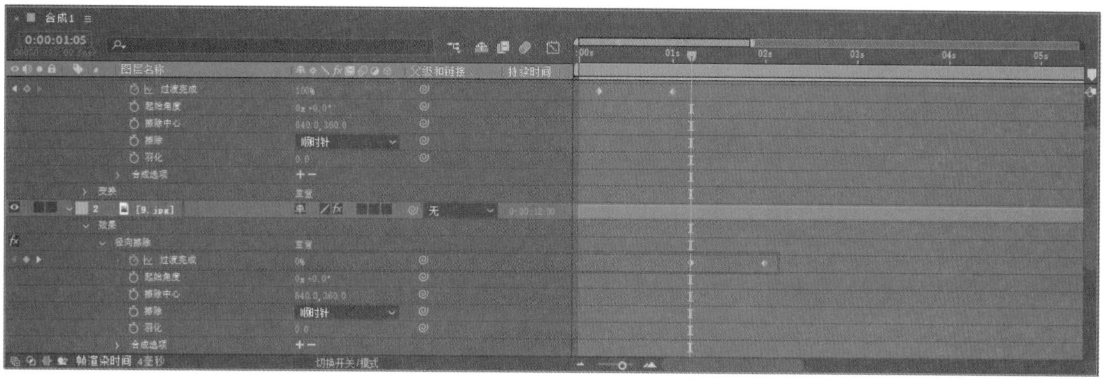

图 10-38　将"径向擦除"特效复制到第二个图层中

10 使用同样的方法，分别在 0:00:02:05、0:00:03:05、0:00:04:05、0:00:05:05、0:00:06:05、0:00:07:05、0:00:08:05 和 0:00:09:05 的时间位置将复制的"径向擦除"特效依次粘贴到后面的 8 个数字图层中，如图 10-39 所示。

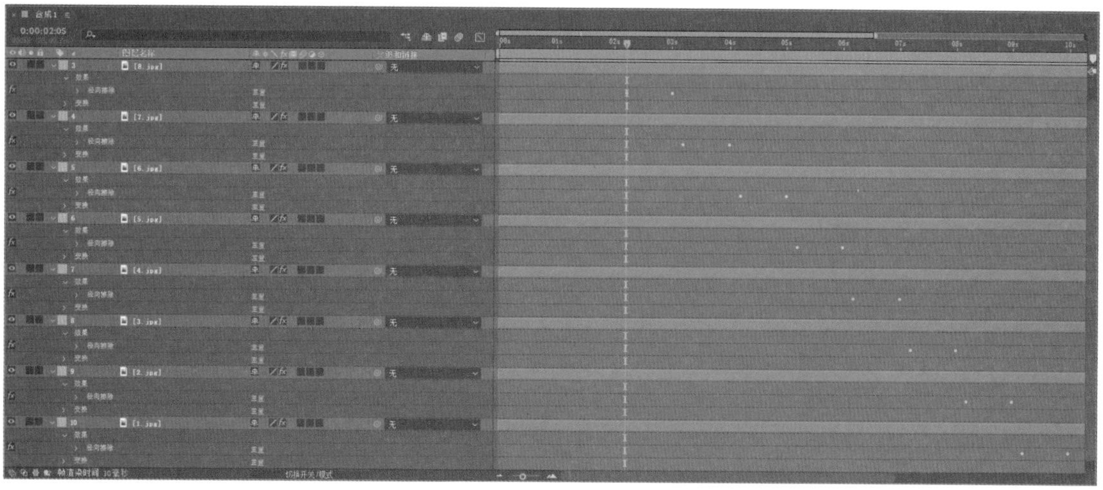

图 10-39　将"径向擦除"特效依次复制到其他数字图层中

11 按空格键对影片进行播放，可以在"合成"面板中预览编辑好的影片效果，如图 10-40 所示。

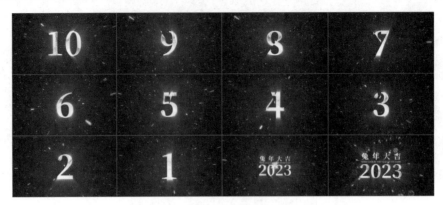

图 10-40　预览影片效果

10.3.7　线性擦除

"线性擦除"特效是以直线运动的方式来实现擦除转场效果，如图 10-41 所示。

图 10-41　线性擦除效果

"线性擦除"特效的属性参数如图 10-42 所示。

图 10-42　"线性擦除"属性参数

"线性擦除"特效中主要参数的作用如下。

- 过渡完成：用来设置特效对于图像产生效果的完成度。为该参数设置动画关键帧，可以实现图像转场的动态效果。
- 擦除角度：用来设置线条的角度。
- 羽化：用来设置过渡时线条部分的羽化程度。

10.3.8　CC Glass Wipe

　　CC Glass Wipe 特效可以为原始图层图像添加一层模拟玻璃融化的效果。该特效需要两个图层相结合来使用，在特效图层上玻璃效果融化后显示另外一个图层，从而实现转场效果，如图 10-43 所示。

图 10-43 CC Glass Wipe 效果

CC Glass Wipe 特效的属性参数如图 10-44 所示。

图 10-44 CC Glass Wipe 属性参数

CC Glass Wipe 特效中主要参数的作用如下。

- Completion：用来设置特效对于图像产生效果的完成度。为该参数设置动画关键帧，可以实现玻璃融化的动态效果。
- Layer to Reveal：用来选择特效结束后显示的图层。
- Gradient Layer：用来选择效果作用的图层。
- Softness：用来设置效果的柔化程度。
- Displacement Amount：用来设置过渡时的效果扭曲度。该数值越大，扭曲的效果越明显。

10.3.9 CC Grid Wipe

CC Grid Wipe 特效用于将原素材图层图像转换成菱形网格图案，从而实现擦除式的转场效果，如图 10-45 所示。

图 10-45 CC Grid Wipe 效果

CC Grid Wipe 特效的属性参数如图 10-46 所示。

CC Grid Wipe 特效中主要参数的作用如下。

- Completion：用来设置特效对于图像产生效果的完成度。为该参数设置动画关键帧，可以实现网格擦除的动态效果。

图 10-46　CC Grid Wipe 属性参数

☞Center：用来选择网格生成时的中心点。

☞Rotation：用来设置网格的整体旋转角度。

☞Border：用来设置网格整体的大小。

☞Tiles：用来设置网格的密度大小。

☞Shape：用来选择网格的类型。其中共有 3 种类型，分别是 Doors、Radial 和 Rectangle。

☞Reverse Transition：选中此复选框后，将反转过渡效果。

10.3.10　CC Image Wipe

CC Image Wipe 特效是通过原图层图像的明暗度来实现擦除式的转场效果，如图 10-47 所示。

图 10-47　CC Image Wipe 效果

CC Image Wipe 特效的属性参数如图 10-48 所示。

图 10-48　CC Image Wipe 属性参数

CC Image Wipe 特效中主要参数的作用如下。

☞Completion：用来设置特效对于图像产生效果的完成度。为该参数设置动画关键帧，可以实现图像逐渐擦除的动态效果。

- Border Softness：用来设置效果边缘的柔和度。
- Auto Softness：选中该复选框后，将自动调节效果边缘的柔和度来适应运动效果。
- Layer：用来选择应用效果的图层。
- Property：用来选择控制过渡效果的通道，共有 8 个通道可选。
- Blur：用来设置效果的模糊度。
- Inverse Gradient：选中此复选框后，将反转过渡效果。

10.3.11　CC Jaws

CC Jaws 特效通过将原图层图像分割成锯齿状图形，从而实现擦除式的转场效果，如图 10-49 所示。

图 10-49　CC Jaws 效果

CC Jaws 特效的属性参数如图 10-50 所示。

图 10-50　CC Jaws 属性参数

CC Jaws 特效中主要参数的作用如下。

- Completion：用来设置特效对于图像产生效果的完成度。为该参数设置动画关键帧，可以实现图像逐渐擦除的动态效果。
- Center：用来设置效果的中心位置。
- Direction：用来设置整体效果的角度。
- Height：用来设置锯齿形状的高度。
- Width：用来设置锯齿形状的宽度。
- Shape：用来选择锯齿的形状类型，其中共有 Spikes、RoboJaw、Block 和 Waves 4 种类型。

10.3.12　CC Light Wipe

CC Light Wipe 特效通过模拟灯光的扩大来实现擦除式的转场效果，如图 10-51 所示。

图 10-51　CC Light Wipe 效果

CC Light Wipe 特效的属性参数如图 10-52 所示。

图 10-52　CC Light Wipe 属性参数

CC Light Wipe 特效中主要参数的作用如下。

- Completion：用来设置特效对于图像产生效果的完成度。为该参数设置动画关键帧，可以实现图像逐渐擦除的动态效果。
- Center：用来设置效果的中心位置。
- Intensity：用来调控灯光的强度。该数值越大，光照越强。
- Shape：用来选择灯光的形状类型，其中共有 3 种类型，分别是 Doors、Round 和 Square。
- Direction：用来设置整体效果的角度。
- Color from Source：选中此复选框后，光的颜色将从原素材图层中选取。
- Color：用来选择光的颜色。当 Color from Source 复选框被选中时，此选项禁用。
- Reverse Transition：选中此复选框后，将反转过渡效果。

10.3.13　CC Line Sweep

CC Line Sweep 特效可以生成一个斜边线性或梯形的擦除式转场效果，如图 10-53 所示。

图 10-53　CC Line Sweep 效果

CC Line Sweep 特效的属性参数如图 10-54 所示。

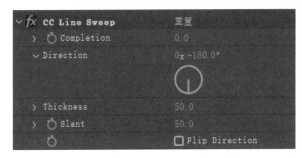

图 10-54　CC Line Sweep 属性参数

CC Line Sweep 特效中主要参数的作用如下。

- Completion：用来设置特效对于图像产生效果的完成度。为该参数设置动画关键帧，可以实现图像逐渐擦除的动态效果。
- Direction：用来设置整体效果的角度。
- Thickness：用来设置阶梯的高度。该数值越大，阶梯越高。
- Slant：用来设置阶梯的宽度。该数值越大，阶梯越窄。
- Flip Direction：选中此复选框后，将反转过渡的方向。在该特效中是指阶梯线运动的方向。

10.3.14　CC Radial ScaleWipe

CC Radial ScaleWipe 特效可以生成一个球状扭曲的径向擦除式转场效果，如图 10-55 所示。

图 10-55　CC Radial ScaleWipe 效果

CC Radial ScaleWipe 特效的属性参数如图 10-56 所示。

图 10-56　CC Radial ScaleWipe 属性参数

CC Radial ScaleWipe 特效中主要参数的作用如下。

- Completion：用来设置特效对于图像产生效果的完成度。为该参数设置动画关键帧，可以实现图像逐渐擦除的动态效果。
- Center：用来设置效果的中心位置。

◖Reverse Transition：选中此复选框后，将反转过渡效果。

10.3.15　CC Scale Wipe

CC Scale Wipe 特效通过对原图层图像进行拉伸来实现转场效果，如图 10-57 所示。

图 10-57　CC Scale Wipe 效果

CC Scale Wipe 特效的属性参数如图 10-58 所示。

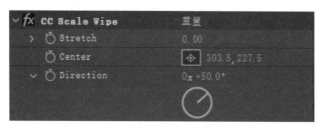

图 10-58　CC Scale Wipe 属性参数

CC Scale Wipe 特效中主要参数的作用如下。

◖Stretch：用来设置图像产生拉伸的程度。为该参数设置动画关键帧，可以实现图像转场的动态效果。

◖Center：用来设置效果的中心位置。

◖Direction：用来设置拉伸效果的角度。

10.3.16　CC Twister

CC Twister 特效通过对原图层图像进行 3D 扭曲反转来实现转场效果，如图 10-59 所示。

图 10-59　CC Twister 效果

CC Twister 特效的属性参数如图 10-60 所示。

图 10-60　CC Twister 属性参数

CC Twister 特效中主要参数的作用如下。

- Completion：用来设置特效对于图像产生效果的完成度。为该参数设置动画关键帧，可以实现图像逐渐擦除的动态效果。
- Backside：用来设置应用该效果图像的背面图案，以此来实现两个场景的过渡。如果不选择背面的图案，特效完成后，原素材图层将消失。如果选择素材图层本身作为背面图案，则实现原图像自行扭曲并恢复原状的效果。
- Shading：选中此复选框后，扭转时的 3D 效果会更加明显。
- Center：用来设置效果的中心位置。
- Axis：用来设置旋转扭曲的方向。

10.3.17　CC WarpoMatic

CC WarpoMatic 特效通过对两个素材图层的图像进行特殊扭曲和融合来实现转场效果，如图 10-61 所示。

图 10-61　CC WarpoMatic 效果

CC WarpoMatic 特效的属性参数如图 10-62 所示。

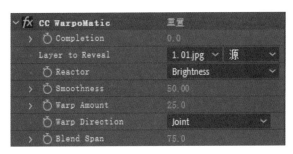

图 10-62　CC WarpoMatic 属性参数

CC WarpoMatic 特效中主要参数的作用如下。

- Completion：用来设置特效对于图像产生效果的完成度。为该参数设置动画关键帧，可以实现图像转

场的动态效果。

- Layer to Reveal：用来选择需要与原素材图层进行融合转场的图层。
- Reactor：用来选择两个图层融合的方式，一共有 4 种方式，分别是 Brightness、Contrast Differences、Brightness Differences 和 Local Differences。
- Smoothness：用来设置扭曲效果的平滑度。
- Warp Amount：用来设置扭曲效果的程度。该数值越大，扭曲越明显；设置为负值时，将向反方向进行扭曲。
- Warp Direction：用来选择扭曲效果的类型，一共有 3 种类型，分别是 Joint、Opposing 和 Twisting。
- Blend Span：用来设置两个图层在进行过渡效果时的融合度。

10.4　本章小结

　　本章主要讲解了 After Effects 视频过渡的添加与设置，包括视频过渡的依据、应用视频过渡效果和各类视频过渡效果的具体作用。通过本章的学习，读者可以在不同的镜头间加入过渡效果，以丰富影片的视频效果。在制作影视作品时，应适度把握场景过渡效果的应用，切不可滥用场景过渡，以免冲淡作品主题。

10.5　思考和练习

1. 视频过渡的依据包括哪些方面？
2. 如何在 After Effects 中添加过渡特效？
3. 如何设置 After Effects 的过渡特效完成的百分比？
4. 什么特效是根据两个图层的图像亮度差来实现擦除转场效果的？
5. 什么特效是模拟斑驳形状并逐步溶解的过程，从而实现擦除转场效果的？
6. 什么特效是通过径向旋转来实现擦除转场效果的？
7. 创建一个项目和一个合成，然后导入素材，练习应用本章讲解的过渡特效。

第11章 视频调色技术

　　本章将学习 After Effects 的视频调色技术，视频调色是 After Effects 对图像素材色彩进行调整的一种技术，主要是通过"颜色校正"特效对图像素材的亮度、对比度、色阶、色调、色相等属性进行调整，以达到令人满意的效果。

本章学习目标

了解色彩基础知识
掌握调整视频明暗度的方法

掌握调整视频色彩的方法
掌握快速修正视频色彩色调的方法

色彩作为视频最显著的画面特征，能够在第一时间引起观众的关注。色彩对人们的心理活动有着重要的影响，特别是和情绪有非常密切的关系，当人们用眼睛观察自身所处的环境，色彩就首先闯入人们的视线，产生各种各样的视觉效果，带给人不同的视觉体会，直接影响着人的美感认知、情绪波动乃至生活状态和工作效率。下面就学习一下相关的色彩知识。

11.1.1 色彩模式

常用的色彩模式有 RGB(表示红、绿、蓝) 模式、CMYK(表示青、洋红、黄、黑) 模式、Lab 模式、灰度模式、索引模式、位图模式、双色调模式和多通道模式等。

色彩模式除确定图像中能显示的颜色数之外，还影响图像通道数和文件大小，每个图像具有一个或多个通道，每个通道都存放着图像中颜色元素的信息。图像中默认的颜色通道数取决于其色彩模式。常见色彩模式的特点如下。

- RGB 模式：RGB 模式俗称为三原色光的色彩模式或加色模式，也称真彩色模式，是最常见的一种色彩模式。该模式由红、绿和蓝 3 种颜色混合而成，任何一种色光都可以由 RGB 三原色混合得到，而当增加红、绿、蓝色光的亮度级别时，色彩也将变得更亮。电视、电影放映机等都依赖于这种模式。
- CMYK 模式：CMYK 模式是印刷时使用的一种颜色模式，由 Cyan(青)、Magenta(洋红)、Yellow(黄) 和 Black(黑)4 种色彩组成。为了避免和 RGB 三基色中的 Blue(蓝色) 发生混淆，其中的黑色用 K 来表示。这种模式主要应用于图像的打印输出，所有商业打印机使用的都是这种模式。
- YUV 模式：YUV 的重要性在于它的亮度信号 (Y) 以及色度信号 (UV) 是分离的，彩色电视机采用 YUV 模式，正是为了用亮度信号 (Y) 解决彩色电视机和黑白电视机的兼容问题，如果只有 Y 分量而没有 UV 分量，这样表示的图像就为黑白灰度效果。
- HSB 模式：HSB 模式根据人的视觉特点，用色相 (H)、饱和度 (S) 及亮度 (B) 来表现色彩，它不仅简化了图像分析和处理的工作量，也更加适合人的视觉特点。
- Lab 模式：Lab 模式是国际照明委员会发布的一种色彩模式，由 RGB 三基色转换而来。其中 L 表示图像的亮度，取值范围为 0 ～ 100；a 表示由绿色到红色的光谱变化，取值范围为 -120 ～ 120；b 表示由蓝色到黄色的光谱变化，取值范围和 a 分量相同。
- 灰度模式：灰度模式属于非色彩模式。它只包含 256 级不同的亮度级别，并且只有一个 Black 通道。在图像中看到的各种色调都是由 256 种不同亮度的黑色表示。任何一种色彩模式都可以转换为灰度模式，灰度模式也可以转换为任何一种色彩模式。灰度模式的应用十分广泛，在成本相对低廉的黑白印刷中，许多图像都采用了灰度模式。

11.1.2 色彩深度

色彩深度是指在一个图像中的颜色数量，也称为位深度，"位"(bit) 是计算机存储器里的最小单元，用来记录每一个像素色彩的值。常见的色彩深度是 1 位、8 位、24 位、32 位，图像的色彩越丰富，"位"就越多，意味着图像具有较多的可用颜色和较精确的颜色表示。

11.1.3 色彩三要素

色彩要素包括色相、饱和度、明度 3 个，下面介绍一下各要素的特点。

After Effects 2022 影视特效标准教程（微课版）（全彩版）

1. 色相

色相是色彩的一种最基本的视觉属性，这种属性可以使人们将光谱上的不同部分区别开来，即按红、橙、黄、绿、青、蓝、紫等色彩感觉区分色谱段。缺失了这种视觉属性，色彩就像全色盲人的世界那样。根据有无色相属性，可以将外界引起的色彩感觉分成两大体系：有彩色系与非彩色系。

- 有彩色系：指红、橙、黄、绿、青、蓝、紫等颜色。不同明度和纯度的红橙黄绿青蓝紫色调都属于有彩色系。有彩色系是由光的波长和振幅决定的，波长决定色相，振幅决定色调。有彩色系才具有色相、饱和度和明度三个量度，如图 11-1 所示。

- 非彩色系：指白色、黑色和由白色、黑色调和形成的各种深浅不同的灰色系，即不具备色相属性的色觉。非彩色系只有明度一种量度，其饱和度等于零，如图 11-2 所示。

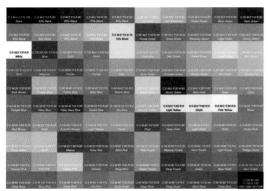

图 11-1　有彩色系

图 11-2　非彩色系

在阳光的作用下，大自然中的色彩变化是丰富多彩的，人们在这丰富的色彩变化当中，逐渐认识和了解了颜色之间的相互关系，并根据它们各自的特点和性质，总结出色彩的变化规律，从而把颜色概括为原色、间色和复色 3 大类。

- 原色：也叫"三原色"，即红、黄、蓝 3 种基本颜色，如图 11-3 所示。自然界中的色彩种类繁多，变化多样，但这 3 种颜色却是最基本的原色，原色是其他颜色调配不出来的。把原色相互混合，可以调和出其他颜色。

- 间色：又叫"二次色"。它是由三原色调配出来的颜色。红与黄调配出橙色；黄与蓝调配出绿色；红与蓝调配出紫色。橙、绿、紫三种颜色又叫"三间色"。在调配时，由于原色在分量多少上有所不同，因此能产生丰富的间色变化，如图 11-4 所示。

- 复色：也叫"复合色"。复色是用原色与间色相调或用间色与间色相调而成的"三次色"。复色是最丰富的色彩家族，千变万化，丰富异常，复色包括除原色和间色以外的所有颜色，如图 11-5 所示。

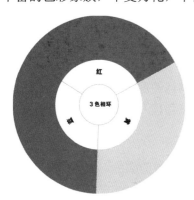

图 11-3　三原色

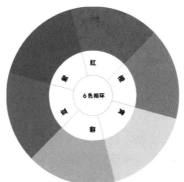

图 11-4　间色

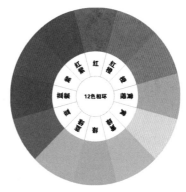

图 11-5　复色

 知识点滴：

　　色相在色相环上的距离在 60°~130° 的色彩搭配，称为对比色。其个性大于共性，相互对立冲突，属于强烈的色彩对比，对比效果鲜明、丰富、刺激。对比适度使人感到兴奋、激动；对比不当则令人眼花缭乱，刺激神经过度，会使人感到心烦意乱。

2. 饱和度

　　饱和度是指色彩的纯度。饱和度是使人们对有色相属性的视觉在色彩鲜艳程度上做出评判的视觉属性。有彩色系的色彩，其鲜艳程度与饱和度成正比，根据人们使用色素物质的经验，色素浓度越高，颜色越浓艳，饱和度也越高。高饱和度会给人一种艳丽的感觉，如图 11-6 所示；低饱和度会给人一种灰暗的感觉，如图 11-7 所示。

图 11-6　高饱和度效果　　　　　　　　　　　图 11-7　低饱和度效果

3. 明度

　　明度是那种可以使人们区分出明暗层次的非彩色觉的视觉属性。这种明暗层次决定亮度的强弱，即光刺激能量水平的高低。根据明度感觉的强弱，从最明亮到最暗可以分成 3 段水平：白—高明度端的非彩色觉、黑—低明度端的非彩色觉、灰—介于白与黑之间的中间层次明度感觉，如图 11-8 和图 11-9 所示。

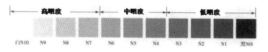 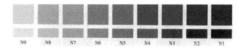

图 11-8　明度梯尺　　　　　　　　　　　图 11-9　各种彩色对应明度

11.1.4　色彩搭配方法

　　颜色绝不会单独存在，一种颜色的效果是由多种因素来决定的：物体的反射光、周边搭配的色彩或是观看者的欣赏角度等。下面将介绍 6 种常用的色彩搭配方法，掌握好这几种方法，能够让画面中的色彩搭配显得更具有美感。

　　🔊 互补设计：使用色相环上全然相反的颜色，得到强烈的视觉冲击力。

　　🔊 单色设计：使用同一种颜色，通过加深或减淡该颜色来调配出不同深浅的颜色，使画面具有统一性。

　　🔊 中性设计：加入一种颜色的补色或黑色使其他色彩消失或中性化，这种画面显得更加沉稳、大气。

- 无色设计：不用彩色，只用黑、白、灰 3 种颜色。
- 类比设计：在色相环上任选 3 种连续的色彩，或选择任意一种明色和暗色。
- 冲突设计：在色相环中将一种颜色和它左边或右边的色彩搭配起来，形成冲突感。

11.2　调整视频明暗度

通过对视频图像明暗度的调整可以提高图像的清晰度。在 After Effects 中，常用于调整视频图像明暗度的特效包括"亮度和对比度""阴影 / 高光""曲线""色阶""曝光度"等，这些特效可以在"颜色校正"类特效组中找到。

11.2.1　亮度和对比度

"亮度和对比度"特效通过控制器调整素材的亮度和对比度属性。应用该特效前后的对比效果如图 11-10 和图 11-11 所示。

图 11-10　素材效果　　　　　　图 11-11　亮度和对比度调整效果

"亮度和对比度"特效的属性参数如图 11-12 所示。

图 11-12　"亮度和对比度"属性参数

"亮度和对比度"特效中主要参数的作用如下。
- 亮度：调整素材的亮度，该数值越大，亮度越高。
- 对比度：调整素材的对比度，该数值越大，对比度越高。

11.2.2　阴影 / 高光

"阴影 / 高光"特效用于校正由于逆光造成的暗部过暗，或者曝光过度造成的亮度过亮等问题。该特效较为智能的地方在于，它能相对于暗部和亮部周围的像素来相应地进行调节，而不是整体地对整个素材进行调整，应用该特效前后的对比效果如图 11-13 和图 11-14 所示。

图 11-13　素材效果　　　　　　　　图 11-14　阴影 / 高光调整效果

"阴影 / 高光"特效的属性参数如图 11-15 所示

图 11-15　"阴影 / 高光"属性参数

"阴影 / 高光"特效中主要参数的作用如下。

🍃 自动数量：选中该复选框后，则应用特效的自动值对素材进行调整。

🍃 阴影数量：用于手动调整素材的暗部。

🍃 高光数量：用于手动调整素材的亮部。

🍃 更多选项：在该选项下有更细致的选项，用来帮助用户手动调整素材。

🍃 与原始图像混合：用于调整特效与原素材的混合程度。

11.2.3　曲线

"曲线"特效用于调整素材的色调和明暗度，应用该特效前后的对比效果如图 11-16 和图 11-17 所示。

图 11-16　素材效果　　　　　　　　图 11-17　曲线调整效果

"曲线"特效与其他调整色调和明暗度特效不同的是，它可以精确地调整高光、中间调和暗部中任何部分的色调与明暗度，还可以对素材的各个通道进行控制、调节色调，在曲线上最多可设置 16 个控制点。"曲线"特效的属性参数如图 11-18 所示。

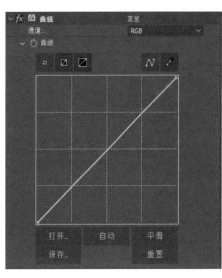

　　"曲线"特效中主要参数的作用如下。

- 🔹 通道：选择需要调整的颜色通道。
- 🔹 ◪ 按钮：单击该按钮后，可以对曲线进行修改。单击曲线，可以在曲线上增加控制点。在坐标区域内按住鼠标左键并拖动控制点可以编辑曲线。将控制点拖出坐标区域则删除控制点。
- 🔹 ◪ 按钮：单击该按钮后，可以在坐标区域内绘制曲线来控制明暗效果。
- 🔹 ◪◪◪◪：用来切换曲线视图的大小。
- 🔹 打开 / 保存：用于打开和存储调节好的曲线文件。
- 🔹 平滑：将设置的曲线转换为平滑的曲线。
- 🔹 重置：将曲线设置为初始状态。

图 11-18　"曲线"属性参数

11.2.4　色阶

　　"色阶"特效用于调整素材的亮部、中间调和暗部三个部分的亮度和对比度，从而调整素材本身的亮度和对比度，应用该特效前后的对比效果如图 11-19 和图 11-20 所示。

图 11-19　素材效果

图 11-20　色阶调整效果

　　"色阶"特效的属性参数如图 11-21 所示。

　　"色阶"特效中主要参数的作用如下。

- 🔹 通道：选择整个颜色范围内调整或是某个颜色通道内调整。
- 🔹 直方图：用来显示素材中亮部、中间调和暗部三个部分的分布情况。
- 🔹 输入黑色 / 输入白色：用于设置输入图像中暗部和亮部的区域值，也可通过拖动对应直方图最左侧和最右侧的两个小三角形图标进行设置。
- 🔹 灰度系数：用于设置中间调的区域值，也可通过拖动对应直方图中间的小三角形图标进行设置。

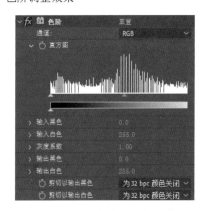

图 11-21　"色阶"属性参数

🖐 输出黑色 / 输出白色：用于设置输出图像中黑色和白色的区域大小，也可通过拖动直方图下方的黑白色条上的两个小三角形图标进行设置。

After Effects 2022 影视特效标准教程（微课版）（全彩版）

 知识点滴：

"色阶 (单独控件)" 特效与 "色阶" 特效的应用方法相同，只是前者可以通过不同的颜色通道对素材的亮度、对比度和灰度系数进行设置。

● **11.2.5　曝光度**

"曝光度" 特效可以对素材的曝光程度进行调整，从而修整素材的整体曝光效果，应用该特效前后的对比效果如图 11-22 和图 11-23 所示。

图 11-22　素材效果

图 11-23　曝光度调整效果

"曝光度" 特效的属性参数如图 11-24 所示。

"曝光度" 特效中主要参数的作用如下。

🖐 通道：选择曝光的通道为 "主要通道" 或 "单个通道"。

🖐 主：选择 "主要通道" 时可调节的参数，用于调整整个素材的曝光度。该选项可通过 "曝光度" "偏移" "灰度系数校正" 三个方面进行设置。

🖐 红色 / 绿色 / 蓝色：选择 "单个通道" 时可调节的参数，分别设置红、绿、蓝三色通道的曝光度、偏移和灰度系数校正的数值。

图 11-24　"曝光度" 属性参数

11.3　调整视频色彩

在后期影视合成制作中，视频色彩的调整非常重要，一个好的影视色彩可以让人赏心悦目。在 "颜色校正" 类特效组中除了前面介绍的用于调整视频图像明暗度的特效外，还包括大量用于调整视频图像色彩的特效，下面对其中较为常用的特效进行介绍。

11.3.1 CC Color Neutralizer

CC Color Neutralizer 特效通过控制图像的暗部、中间调和亮部的色彩平衡来调整图像本身的颜色效果，应用该特效前后的对比效果如图 11-25 所示，其属性参数如图 11-26 所示。

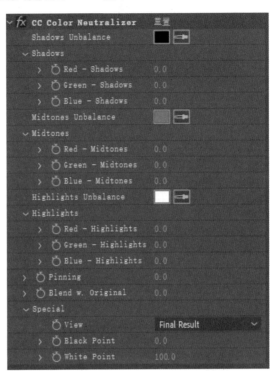

图 11-25　CC Color Neutralizer 调色对比效果　　　　图 11-26　CC Color Neutralizer 属性参数

CC Color Neutralizer 特效中主要参数的作用如下。

● Shadows Unbalance：通过控件设置暗部的颜色，调整暗部的色彩平衡。

● Shadows：调整暗部的红、绿、蓝三色数值。

● Midtones Unbalance：通过控件设置中间调部分的颜色，调整中间调的色彩平衡。

● Midtones：调整中间调的红、绿、蓝三色数值。

● Highlights Unbalance：通过控件设置亮部的颜色，调整亮部的色彩平衡。

● Highlights：调整亮部的红、绿、蓝三色数值。

● Pinning：加大调整后的暗部、中间调和亮部之间的对比度。

● Blend w. Original：设置调整后的效果与原素材的融合程度。100% 为完全融合。

● Special：对暗部和亮部的色彩饱和度进一步进行调整。

11.3.2 CC Color Offset

CC Color Offset 特效通过控制图像的红、绿、蓝这 3 个颜色通道的色相来调整图像本身的颜色效果，应用该特效后的效果如图 11-27 所示，其属性参数如图 11-28 所示。

图 11-27　CC Color Offset 调色效果

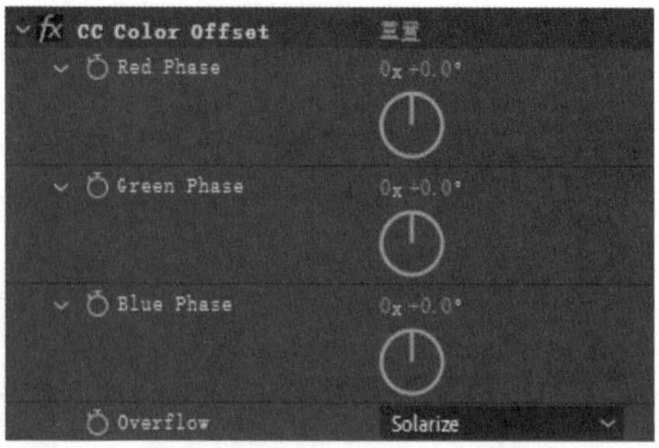

图 11-28　CC Color Offset 属性参数

CC Color Offset 特效中主要参数的作用如下。

- Red Phase：通过控件设置红色通道的色相。
- Green Phase：通过控件设置绿色通道的色相。
- Blue Phase：通过控件设置蓝色通道的色相。
- Overflow：用于应对映射颜色值超出正常范围的情况。

11.3.3　CC Toner

CC Toner 特效将素材的色调分为不同的明度，通过调整各个明度的颜色来修改素材本身的颜色，应用该特效后的效果如图 11-29 所示，其属性参数如图 11-30 所示。

图 11-29　CC Toner 调色效果

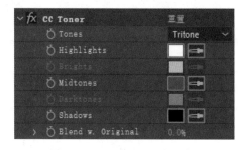

图 11-30　CC Toner 属性参数

CC Toner 特效中主要参数的作用如下。

- Tones：该参数用来选择划分素材明度的色调类型。
- Highlights/Brights/Midtones/Darktones/Shadows：5 种明度参数。根据 Tones 的色调类型不同，被启用的明度个数和种类也不同。
- Blend w. Original：设置调整后的效果与原素材的融合程度。100% 为完全融合。

11.3.4　Lumetri 颜色

"Lumetri 颜色"特效有着非常强大的颜色调整功能，提供了专业质量的颜色分级和颜色校正工具，包括"基本校正""创意""曲线""色轮""HSL 次要""晕影"等多个参数面板，如图 11-31~图 11-33 所示。

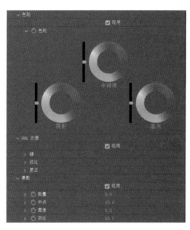

图 11-31　"Lumetri 颜色"属性参数（一）　图 11-32　"Lumetri 颜色"属性参数（二）图 11-33　"Lumetri 颜色"属性参数（三）

对素材图像应用"Lumetri 颜色"特效的对比效果如图 11-34 和图 11-35 所示。

图 11-34　素材效果　　　　　　　　图 11-35　Lumetri 颜色调色效果

11.3.5　三色调

"三色调"特效的效果与设置原理与 CC Toner 的基本相同，应用该特效后的效果如图 11-36 所示，其属性参数如图 11-37 所示。

图 11-36　三色调调色效果　　　　　　图 11-37　"三色调"属性参数

11.3.6　自然饱和度

"自然饱和度"特效可以精细地调整图像饱和度，以便在颜色接近最大饱和度时最大限度地减少颜色的流失，在调整人物图像时还可防止肤色过度饱和，应用该特效后的效果如图 11-38 所示，其属性参数如图 11-39 所示。

图 11-38　自然饱和度调色效果　　　　图 11-39　"自然饱和度"属性参数

11.3.7　通道混合器

"通道混合器"特效可以使图像原有的颜色通道与其他颜色进行混合，从而改变图像整体的色相。该特效多用于调整灰度图像的效果，应用该特效前后的对比效果如图 11-40 和图 11-41 所示。

图 11-40　素材效果　　　　　　图 11-41　通道混合器调色效果

"通道混合器"特效的属性参数如图 11-42 所示。
"通道混合器"特效中主要参数的作用如下。
- 红色、绿色、蓝色：3 个颜色通道，可以分别调整某个颜色通道与其他颜色的混合程度。
- 单色：选中该复选框后，图像从彩色图像变为黑白图像。此时再调整颜色的混合程度，则是调整图像各个颜色通道的明暗度。

图 11-42　"通道混合器"属性参数

After Effects 2022 影视特效标准教程（微课版）（全彩版）

11.3.8　照片滤镜

"照片滤镜"特效可为素材直接添加已设置好的彩色滤镜，从而调整素材的色彩平衡和色相，应用该特效前后的对比效果如图 11-43 和图 11-44 所示。

图 11-43　素材效果

图 11-44　照片滤镜调色效果

"照片滤镜"特效的属性参数如图 11-45 所示。

图 11-45　"照片滤镜"属性参数

"照片滤镜"特效中主要参数的作用如下。

- 滤镜：包含多种已设置好的滤镜效果，用户可直接选择。
- 颜色：当"滤镜"设置为自定义时，用户可以通过修改该参数的数值来设置自己想要的滤镜效果。
- 密度：用于设置滤镜颜色的透明度，该数值越高，滤镜颜色透明度越低。
- 保持发光度：用于保持素材原本的亮度和对比度。

11.3.9　灰度系数 / 基值 / 增益

"灰度系数 / 基值 / 增益"特效通过设置红、绿、蓝颜色通道的数值，从而调整整个素材的色彩效果，应用该特效后的效果如图 11-46 所示，其属性参数如图 11-47 所示。

图 11-46　灰度系数 / 基值 / 增益调色效果

图 11-47　"灰度系数 / 基值 / 增益"属性参数

"灰度系数/基值/增益"特效中主要参数的作用如下。

🌑 黑色伸缩：用来控制素材中的黑色部分。

🌑 红色灰度系数/绿色灰度系数/蓝色灰度系数：用来设置三色通道的灰度值。灰度值越大，该通道色彩对比度越小；灰度值越小，该通道色彩对比度越大。

🌑 红色基值/绿色基值/蓝色基值：用于设置三色通道中最小输出值，主要控制图像的暗部。

🌑 红色增益/绿色增益/蓝色增益：用于设置三色通道中最大输出值，主要控制图像的亮部。

● **11.3.10　色调**

"色调"特效将素材分为黑白两色，然后将黑白两部分分别映射为某种颜色，从而改变素材本身的色调，应用该特效后的效果如图11-48所示，其属性参数如图11-49所示。

图11-48　色调调色效果　　　　　　　　图11-49　"色调"属性参数

"色调"特效中主要参数的作用如下。

🌑 将黑色映射到：用来设置图像中黑色和灰色部分映射而成的颜色。

🌑 将白色映射到：用来设置图像中白色部分映射成的颜色。

🌑 着色数量：用于设置映射的程度。

🌑 交换颜色：单击该按钮，将交换素材黑灰和白色部分的颜色。

● **11.3.11　色调均化**

"色调均化"特效用于对素材的颜色色调进行平均化处理，应用该特效后的效果如图11-50所示，其属性参数如图11-51所示。

图11-50　色调均化调色效果　　　　　　图11-51　"色调均化"属性参数

"色调均化"特效中主要参数的作用如下。

- 色调均化：用来设置均化的方式。
- 色调均化量：用来设置均化的程度。

● 11.3.12 色相/饱和度

"色相/饱和度"特效用于调整素材的颜色和色彩的饱和度。与其他特效不同的是，该特效可以直接整体改变素材本身的色相，应用该特效后的效果如图 11-52 所示，其属性参数如图 11-53 所示。

图 11-52 色相/饱和度调色效果

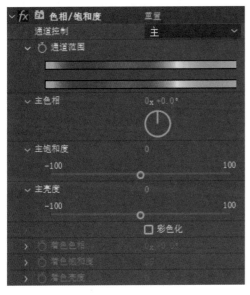

图 11-53 "色相/饱和度"属性参数

"色相/饱和度"特效中主要参数的作用如下。

- 通道控制：用来选择特效应用的颜色。选择"主"选项，则对全部颜色应用特效，也可选择应用于单独的某个颜色范围上。
- 通道范围：用来显示调节颜色的范围。上面的色条表示调节前的颜色，下面的色条表示调整后的颜色。

- 主色相：用于设置调节颜色的色相。
- 主饱和度：用于设置调节颜色的饱和度。
- 主亮度：用于设置调节颜色的亮度。
- 彩色化：选中该复选框后，素材将被转换为单色调。
- 着色色相/着色饱和度/着色亮度：这 3 个选项用来控制单色调特效的色相、饱和度和亮度。

练习实例：制作暖色调影片	
文件路径	第 11 章 \ 暖色调影片
技术掌握	"亮度和对比度""照片滤镜"与"色相/饱和度"特效的应用

01 新建一个项目，然后将所需素材导入"项目"面板中，如图 11-54 所示。

图 11-54 导入素材

02 选择"合成"|"新建合成"菜单命令，在打开的"合成设置"对话框中设置"预设"为 HDV/HDTV 720 25，然后单击"确定"按钮，建立一个新的合成，如图 11-55 所示。

After Effects 2022 影视特效标准教程（微课版）（全彩版）

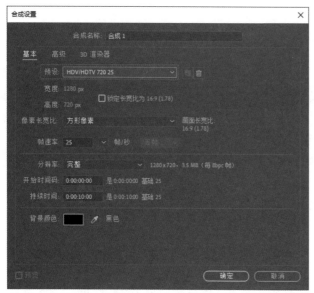

图 11-55　设置合成参数

03 将导入的素材添加到图层列表中，如图 11-56 所示，在"合成"面板中预览图像效果，如图 11-57 所示。

图 11-56　添加素材

图 11-57　图像效果

04 选择"图层"|"新建"|"调整图层"菜单命令，新建一个调整图层，如图 11-58 所示。

图 11-58　新建调整图层

05 选择调整图层，然后选择"效果"|"颜色校正"|"亮度和对比度"菜单命令，为调整图层添加"亮度和对比度"效果，在"效果控件"面板中设置该特效的参数如图 11-59 所示，调整后的素材效果如图 11-60 所示。

图 11-59　设置"亮度和对比度"特效参数

图 11-60　调整后的素材效果

06 选择"效果"|"颜色校正"|"照片滤镜"菜单命令，为调整图层添加"照片滤镜"效果，在"效果控件"面板中设置该特效的参数如图 11-61 所示，调整后的素材效果如图 11-62 所示。

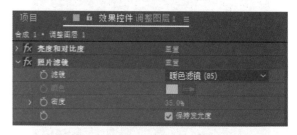

图 11-61　设置"照片滤镜"特效参数

图 11-62　调整后的素材效果

07 选择"效果"|"颜色校正"|"色相/饱和度"菜单命令，为调整图层添加"色相/饱和度"效果，在"效果控件"面板中分别设置红色、黄色、蓝色通道的参数如图11-63~图11-65所示，调整后的素材效果如图11-66所示。

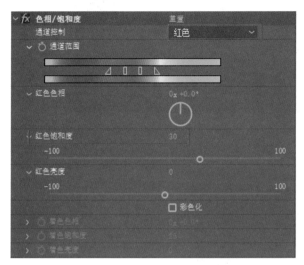

图 11-63　设置"红色"通道参数

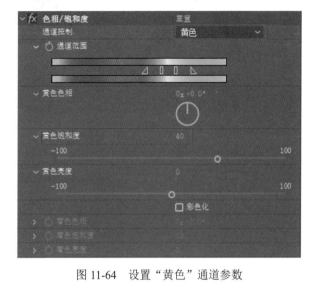

图 11-64　设置"黄色"通道参数

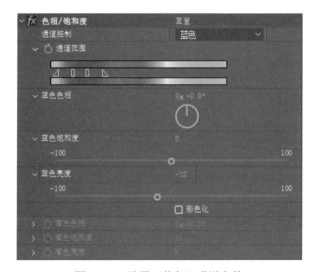

图 11-65　设置"蓝色"通道参数

图 11-66　调整后的素材效果

11.3.13　保留颜色

"保留颜色"特效通过调整参数来指定图像中被保留下来的颜色，其他颜色则转换为灰色效果，图11-67和图11-68所示是应用该特效保留图像中绿色前后的对比效果。

图 11-67　素材效果 　　　　　　　　　图 11-68　保留绿色后的效果

"保留颜色"特效中的属性参数如图 11-69 所示。

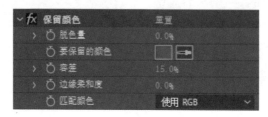

图 11-69　"保留颜色"属性参数

"保留颜色"特效中主要参数的作用如下。

- 脱色量：用来控制除被选中颜色以外的颜色的脱色百分比。
- 要保留的颜色：通过颜色拾取器来选择素材中需要被保留下来的颜色。
- 容差：用于调整被保留颜色的容差程度，该数值越大，被保留颜色的面积就越大。
- 边缘柔和度：通过调整数值设置被保留颜色边缘的柔和度。
- 匹配颜色：选择匹配颜色的模式。

11.3.14　可选颜色

"可选颜色"特效可以对素材中指定的某种颜色部分进行调整，从而修整素材的色彩效果，图 11-70 和图 11-71 所示是应用该特效对图像中的红色进行调整的前后对比效果。

图 11-70　素材效果 　　　　　　　　　图 11-71　调整红色后的效果

"可选颜色"特效的属性参数如图 11-72 所示。

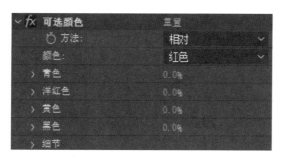

图 11-72　"可选颜色"属性参数

"可选颜色"特效中主要参数的作用如下。

🔹 方法：用于选择划分素材中颜色的方法。

🔹 颜色：用于选择需要调整的素材中的某个颜色部分。

🔹 青色 / 洋红色 / 黄色 / 黑色：从这 4 种颜色倾向的多少来调整被选择颜色部分的色相。

11.3.15　更改颜色

"更改颜色"特效用于改变素材中某种颜色区域的色相、亮度和饱和度。图 11-73 所示是应用该特效更改图像中绿色后的效果，该特效的属性参数如图 11-74 所示。

图 11-73　更改绿色后的效果

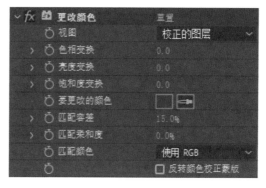

图 11-74　"更改颜色"属性参数

"更改颜色"特效中主要参数的作用如下。

🔹 视图：用于选择视图模式为"校正的图层"或"颜色校正蒙版"。

🔹 色相变换 / 亮度变换 / 饱和度变换：用来调节被选中颜色所属区域的色相、亮度和饱和度数值。

🔹 要更改的颜色：通过颜色拾取器来选择素材中需要更改的颜色。

🔹 匹配容差：用于调整被选中颜色的容差程度。

🔹 匹配柔和度：用于控制修正颜色的柔和度。

🔹 匹配颜色：用于选择某种颜色模式为基础匹配色。

🔹 反转颜色校正蒙版：选中该复选框，将调换被选中颜色区域与其他未被选中区域的特效效果。

11.3.16　更改为颜色

"更改为颜色"特效与"更改颜色"特效的功能基本相似，该特效的属性参数如图 11-75 所示。

"更改为颜色"特效中主要参数的作用如下。

- 🔵 自：通过颜色拾取器来选择素材中需要被更改的颜色。
- 🔵 至：通过颜色拾取器来选择替换的颜色。
- 🔵 更改：选择更改时所包含的属性内容。
- 🔵 更改方式：选择颜色替换的方式。
- 🔵 容差：用于调整被选中颜色的容差程度。
- 🔵 柔和度：用于控制修正颜色的柔和度。

图 11-75 "更改为颜色"属性参数

11.3.17 颜色平衡

"颜色平衡"特效通过调整素材的暗部、中间调、亮部的三色平衡，从而使素材本身整体色彩平衡，应用该特效后的效果如图 11-76 所示，其属性参数如图 11-77 所示。

图 11-76 颜色平衡调色效果

图 11-77 "颜色平衡"属性参数

"颜色平衡"特效中主要参数的作用如下。

- 🔵 阴影红色 / 绿色 / 蓝色平衡：用于设置素材阴影部分的红、绿、蓝三个颜色通道的色彩平衡值。
- 🔵 中间调红色 / 绿色 / 蓝色平衡：用于设置素材中间调部分的色彩平衡值。
- 🔵 高光红色 / 绿色 / 蓝色平衡：用于设置素材高光部分的色彩平衡值。

11.3.18 颜色平衡 (HLS)

"颜色平衡 (HLS)"特效与"颜色平衡"特效的应用方法相同。两者的区别在于："颜色平衡 (HLS)"特效是通过素材的 HLS 属性进行颜色平衡调整的，HLS 指素材的色相、亮度和饱和度；而"颜色平衡"特效是通过素材的 RGB 属性进行调整的。"颜色平衡 (HLS)"特效的属性参数如图 11-78 所示。

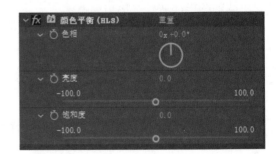

图 11-78 "颜色平衡 (HLS)"属性参数

11.3.19 颜色链接

"颜色链接"特效是将某个素材的混合色调(如图 11-79 所示)作为蒙版来对当前图层的素材(如图 11-80 所示)进行色彩叠加,从而改变素材本身的色调,效果如图 11-81 所示。

图 11-79 使用的混合色调

图 11-80 素材效果

图 11-81 颜色链接叠加效果

"颜色链接"特效的属性参数如图 11-82 所示。

"颜色链接"特效中主要参数的作用如下。

- 源图层:用来选择作为蒙版的图层。
- 示例:用来选择蒙版图层的颜色基准。
- 剪切 (%):用于设置对蒙版图层调节的程度。
- 模板原始 Alpha:如果作为蒙版的图层有透明区域,可以通过选中该复选框来应用该图层的透明区域。

图 11-82 "颜色链接"属性参数

- 不透明度:用于设置蒙版的不透明度。
- 混合模式:用于设置蒙版和被调节图层之间的混合模式。该选项也是颜色链接特效被应用的关键选项。

11.3.20 黑色和白色

"黑色和白色"特效可以将素材转换为黑白色(如图 11-83 所示)或单一色调(如图 11-84 所示的淡黄色调)。

图 11-83 黑白色效果

图 11-84 淡黄色调效果

"黑色和白色"特效的属性参数如图 11-85 所示。

图 11-85　"黑色和白色"属性参数

"黑色和白色"特效中主要参数的作用如下。

- 红色 / 黄色 / 绿色 / 青色 / 蓝色 / 洋红：用来调整素材本身相对应色系的明暗度。
- 淡色：选中该复选框，可以将素材转换为某种单一色调。
- 色调颜色：用于设置单一色调的颜色。

练习实例：制作老电影效果	
文件路径	第 11 章 \ 老电影
技术掌握	"黑色和白色"特效的应用

01 新建一个项目，然后将所需素材导入"项目"面板中，如图 11-86 所示。

图 11-86　导入素材

02 选择"合成"|"新建合成"菜单命令，在打开的"合成设置"对话框中设置"预设"为 PAL D1/DV，设置"持续时间"为 0:00:10:00，然后单击"确定"按钮，建立一个新的合成，如图 11-87 所示。

03 将导入的素材添加到图层列表中，展开"变换"属性组，设置"缩放"值为 80%，如图 11-88 所示，在"合成"面板中预览图像效果，如图 11-89 所示。

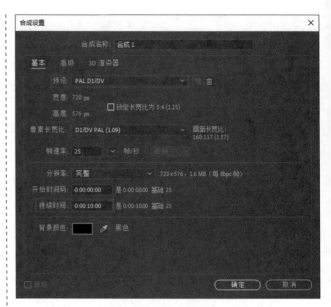

图 11-87　设置合成参数

图 11-88　设置素材的缩放比例

图 11-89　图像效果

04 选择"图层"|"新建"|"调整图层"菜单命令，新建一个调整图层，如图 11-90 所示。

05 选择调整图层，然后选择"效果"|"颜色校正"|"黑色和白色"菜单命令，为调整图层添加"黑色和白色"效果，在"效果控件"面板中选中"淡色"选项右侧的复选框，如图 11-91 所示。

图 11-90　新建调整图层

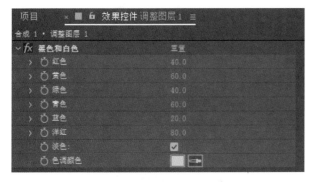

图 11-91　设置"黑色和白色"特效参数

06 在"合成"面板中对添加特效的影片进行预览，效果如图 11-92 所示。

图 11-92　预览影片效果

11.3.21　色光

"色光"特效用于给素材重新上色，大多用于色彩方面的动画，应用该特效前后的对比效果如图 11-93 和图 11-94 所示。

After Effects　After Effects

图 11-93　素材效果 　　　　　　　　图 11-94　色光效果

"色光"特效的属性参数如图 11-95 所示。

"色光"特效中主要参数的作用如下。

- 输入相位：用于设置素材的色彩相位。"获取相位，自"用来选择素材色彩相位的色彩通道；"添加相位"可以选择为素材添加其他素材的色彩相位；"添加相位，自"用来选择其他素材相位的色彩通道；"添加模式"用来选择其他素材相位与原素材相位的融合模式；"相移"用来设置相位的移动与旋转。

- 输出循环：用来设置映射色彩。"使用预设调板"用来选择特效自带的设置好的映射色彩；"输出循环"通过调整三角色块来自行设置映射的色彩；"循环重复次数"用来设置映射颜色的循环次数；"插值调板"复选框被选中后，映射色彩将以色块的方式呈现。

- 修改：对设置好的映射效果进行修改。

- 像素选区：指定特效所影响的颜色。

- 蒙版：用于指定一个控制色光特效的蒙版层。

- 在图层上合成：用于设置特效是否与素材相合成。

- 与原始图像混合：用于设置特效与素材的混合程度。

After Effects 2022 影视特效标准教程（微课版）（全彩版）

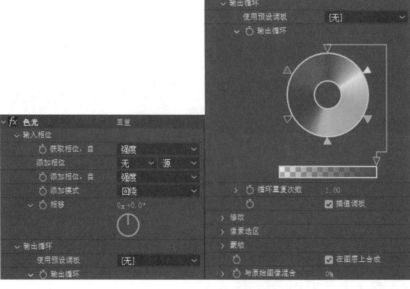

图 11-95 "色光"属性参数

11.4 快速修正视频色彩色调

在 After Effects 中，当图像的某个颜色值明显偏差于正常值时，可以使用"自动对比度""自动色阶"或"自动颜色"等特效快速修正视频图像的整体色彩。

11.4.1 自动对比度

"自动对比度"特效不仅能自动调整图像色彩的对比度，还能调整图像的明暗度。该特效是通过剪切图像中的阴影和高光值，并将图像剩余部分的最亮和最暗像素映射到色阶为 255(纯白) 和色阶为 0(纯黑) 的程度，让图像中的高光看上去更亮，阴影看上去更暗。应用该特效前后的对比效果如图 11-96 和图 11-97 所示。

图 11-96 素材效果

图 11-97 自动对比度效果

11.4.2　自动色阶

当图像总体出现偏色时，可以使用"自动色阶"特效自动调整图像中的高光和暗调，使图像具有较好的层次效果。

"自动色阶"特效将每个颜色通道中的最亮和最暗像素定义为白色和黑色，然后按比例重新分布中间像素值。默认情况下，"自动色阶"特效会剪切白色和黑色像素的0.1％来忽略一些极端的像素。应用该特效前后的对比效果如图11-98和图11-99所示。

　　　　　图 11-98　素材效果　　　　　　　　　　　　　　图 11-99　自动色阶效果

11.4.3　自动颜色

"自动颜色"特效是通过搜索图像来调整图像的对比度和颜色。与"自动色阶"和"自动对比度"相同，使用"自动颜色"特效后，系统会自动调整图像颜色。应用该特效前后的对比效果如图11-100和图11-101所示。

　　　　　图 11-100　素材效果　　　　　　　　　　　　　图 11-101　自动颜色效果

11.5　本章小结

本章主要讲解了After Effects视频调色技术，首先介绍了色彩的基础知识，然后讲解了调整视频明暗度和视频色彩的常用特效，最后讲解了快速修正视频色彩色调的特效。通过本章的学习，读者可以了解色彩的基础知识和掌握视频色彩色调的调整方法。

11.6　思考和练习

1. 常用的色彩模式有哪些?

2. 色彩深度是指什么?

3. 色彩三要素包括什么?

4. 在 After Effects 中，常用于调整视频图像明暗度的特效包括哪些? 这些特效存放在哪类特效组中?

5. 什么特效有着非常强大的颜色调整功能，提供了专业质量的颜色分级和颜色校正工具?

6. "照片滤镜"特效的作用是什么?

7. 使用什么特效可以对素材中指定的某种颜色部分进行调整，从而修整素材的色彩效果?

8. 什么特效是通过调整素材的暗部、中间调、亮部的三色平衡，从而使素材自身整体色彩平衡?

9. 创建一个项目和一个合成，然后导入素材，练习应用本章讲解的视频调色特效。

After Effects 2022 影视特效标准教程（微课版）（全彩版）

第12章 粒子与光影特效

　　本章将学习 After Effects 提供的粒子与光影特效的应用。粒子与光影特效是 After Effects 中常用的效果，使用粒子特效可以快速模拟各种自然效果，而且可以制作奇幻的画面效果；使用光影特效可以制作各种绚丽多彩的光影效果，为视频画面添加丰富的视觉效果，并创造出无与伦比的奇妙景象。

本章学习目标

掌握仿真粒子特效的应用　　　　　　　　　　掌握光影特效的应用

12.1 仿真粒子特效

　　自然界中存在很多个体独立而整体类似的物体运动，这些物体之间各有不同而又相互制约，我们将其称为粒子。在 After Effects 中，粒子特效存在于"模拟"效果组中，主要用来渲染画面的气氛，让画面看起来更加美观、迷人。

12.1.1　CC Ball Action

　　CC Ball Action 特效可以将原素材图像由整个平面转换为多个三维球体组成的立体画面。应用该特效前后的对比效果如图 12-1 和图 12-2 所示。

图 12-1　素材效果

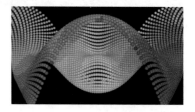

图 12-2　CC Ball Action 效果

　　CC Ball Action 特效的属性参数如图 12-3 所示。

　　CC Ball Action 特效中主要参数的作用如下。

图 12-3　CC Ball Action 属性参数

- Scatter：用于设置球体的散射度。通过调整数值可以使整齐排列的球体散布到不同的位置。
- Rotation Axis：用于选择球体组合旋转时所依据的方向。其右侧的下拉列表中共有 9 个选项，X Axis、Y Axis、Z Axis 这 3 个选项为单个方向旋转；XY Axis、XZ Axis、YZ Axis 这 3 个选项为两个方向上同时旋转；XYZ Axis 为 3 个方向同时旋转；X15Z Axis 为 X 轴方向每旋转一次，Z 轴方向上旋转 15 次；XY15Z Axis 为 X 和 Y 轴方向上每旋转一次，Z 轴方向上旋转 15 次。
- Rotation：用于设置球体组合整体旋转的角度。
- Twist Property：用于选择球体组合自身旋转扭曲时所依据的形式。这里共有 9 种形式，不同的形式能形成不同的排列组合效果。
- Twist Angle：用于设置球体组合自身旋转扭曲时的角度。
- Grid Spacing：用于设置单个球体之间的距离。
- Ball Size：用于设置单个球体的大小。
- Instability State：用于设置单个球体的旋转角度。

12.1.2　CC Bubbles

　　CC Bubbles 特效可以将原素材图形转换为气泡效果，并且生成的气泡自带运动效果。应用该特效前后的对比效果如图 12-4 和图 12-5 所示。

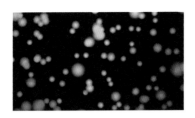
图 12-4　素材效果

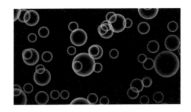
图 12-5　CC Bubbles 效果

CC Bubbles 特效的属性参数如图 12-6 所示。

CC Bubbles 特效中主要参数的作用如下。

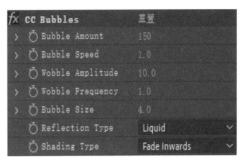
图 12-6　CC Bubbles 属性参数

- Bubble Amount：用于设置气泡的数量。
- Bubble Speed：用于设置气泡上下浮动的方向和速度。该数值为正值时，气泡上升；该数值为负值时，气泡下降。
- Wobble Amplitude：用于设置气泡在运动时左右抖动的程度。
- Wobble Frequency：用于设置气泡在运动时左右抖动的速度。
- Bubble Size：用于设置气泡的大小。
- Reflection Type：用于选择气泡对于原素材图像颜色的反射类型。根据所选类型的不同，气泡反射出的颜色也不同。
- Shading Type：用于选择气泡的类型。根据所选择类型的不同，气泡展现的样式也不同。

12.1.3　CC Drizzle

CC Drizzle 特效可在原图层上模拟水滴滴落在水面生成的水波纹效果，且自动生成相应的动画效果，应用该特效前后的对比效果如图 12-7 和图 12-8 所示。

CC Drizzle 特效的属性参数如图 12-9 所示。

图 12-7　素材效果　　　图 12-8　CC Drizzle 效果　　　　　图 12-9　CC Drizzle 属性参数

CC Drizzle 特效中主要参数的作用如下。

- Drip Rate：用于设置波纹的密集程度。
- Longevity(sec)：用于设置波纹持续的时间。
- Rippling：用于设置单个波纹的复杂程度。
- Spreading：用于设置波纹的扩散范围。
- Light：用于控制灯光的相关数值。

- Using：用于选择自己设置的灯光效果或者选择 After Effects 自带的灯光效果。
- Light Intensity：用于控制灯光的强度。
- Light Color：用于选择灯光的颜色。
- Light Type：用于选择平行光或点光源。
- Light Height：用于设置光源到原素材的距离。当参数为正值时，原素材会被照亮；当参数为负值时，原素材会变暗。
- Light Position：用于设置点光源的位置。
- Light Direction：用于调整光线的方向。
- Shading：用于控制阴影的相关数值。
- Ambient：用于设置波纹对于环境光的反射程度。
- Diffuse：用于设置波纹漫反射的数值。
- Specular：用于设置高光的强度。
- Roughness：用于设置波纹表面的光滑程度。该数值越大，材质表面越光滑。
- Metal：用于设置波纹的材质。该数值越大，越接近金属材质；该数值越小，越接近塑料材质。

12.1.4　CC Particle Systems II

CC Particle Systems II 是模拟生成粒子系统的特效，通过对参数的设置可以生成不同的效果。应用该特效后的效果如图 12-10 和图 12-11 所示。

 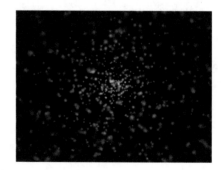

图 12-10　CC Particle Systems II 效果（一）　　图 12-11　CC Particle Systems II 效果（二）

CC Particle Systems II 特效的属性参数如图 12-12 所示。

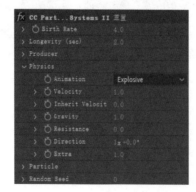 

图 12-12　CC Particle Systems II 属性参数

CC Particle Systems II 特效中主要参数的作用如下。

- Birth Rate：用于控制粒子的数量。
- Longevity(sec)：用于控制粒子存在的时间长短。
- Producer：用于调整粒子的位置属性。
- Animation：用于选择粒子运动动画效果的类型。其中共有 12 种类型可选，不同的类型可以形成不同的效果。
- Velocity：用于控制粒子运动的速率。
- Inherit Velocity：用于控制速率传递的百分比。
- Gravity：用于设置重力大小。重力越大，粒子降落的速度越快；重力为负值时，粒子将上升。
- Resistance：用于设置阻力大小，从而控制粒子的运动方向和速度。
- Direction：用于设置粒子运动的方向。
- Extra：用于设置粒子运动的随机性。
- Particle Type：用于选择粒子的类型，不同的类型可以模拟不同的现实场景。
- Birth Size：用于设置粒子出现时的大小。
- Death Size：用于设置粒子消失时的大小。
- Size Variation：用于控制粒子随机性的大小。
- Opacity Map：用于选择粒子在不透明度上的变换类型。
- Max Opacity：用于设置粒子不透明度的最大值。
- Color Map：用于选择粒子在颜色上生成的类型。
- Birth Color：用于选择粒子生成时的颜色。
- Death Color：用于选择粒子消失时的颜色。
- Transfer Mode：用于选择粒子之间的混合模式。
- Random Seed：用于设置整体粒子运动的随机性。

12.1.5 CC Particle World

CC Particle World 特效与 CC Particle Systems II 特效相似，都是模拟生成不同场景的粒子效果，不同之处在于 CC Particle World 是在三维场景下生成粒子。应用该特效后的效果如图 12-13 和图 12-14 所示。

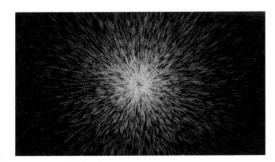

图 12-13　CC Particle World 效果（一）

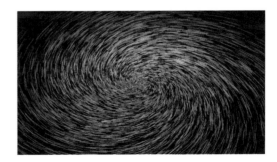

图 12-14　CC Particle World 效果（二）

CC Particle World 特效的属性参数如图 12-15 所示。

CC Particle World 特效与 CC Particle Systems II 特效的属性参数有许多相同之处，这里只介绍与 CC Particle Systems II 特效不同的参数，其中主要参数的作用如下。

图 12-15　CC Particle World 属性参数

🔸Grid & Guides：用于设置 3D 场景的一系列属性。

🔸Position：选中该复选框后，打开粒子生成器，可以在"合成"面板中用鼠标直接控制生成器的位置。

🔸Radius：选中该复选框后，可以在"合成"面板中打开粒子生成器半径的控制手柄。

🔸Motion Path：选中该复选框后，可以显示发射器的运动路径。

🔸Motion Path Frames：用于设置发射器运动的帧数。

🔸Grid：选中该复选框后，可以打开"合成"面板中的网格。

🔸Grid Position：用于选择网格的样式。

🔸Grid Axis：用于选择网格的视角。

🔸Grid Subdivisions：用于设置网格中格子的数量。

🔸Grid Size：用于设置网格的大小。

🔸Horizon：选中该复选框后，可以打开地平线的显示。

🔸Axis Box：选中该复选框后，可以打开视角参考。

🔸Floor：用于设置关于水平面的相关属性。

🔸Texture：用于选择粒子的纹理类型。

🔸Extras：用于设置其他的一些附加属性数值。

12.1.6　CC Pixel Polly

CC Pixel Polly 特效模拟镜面破碎的效果，可以生成原素材图像打碎并向四周飞散的动画效果。应用该特效前后的对比效果如图 12-16 和图 12-17 所示。

图 12-16　素材效果　　　　图 12-17　CC Pixel Polly 效果

CC Pixel Polly 特效的属性参数如图 12-18 所示。

CC Pixel Polly 特效中主要参数的作用如下。

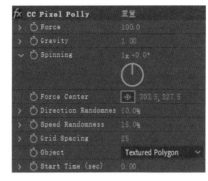

图 12-18　CC Pixel Polly 属性参数

- Force：用于设置破碎的力度。该数值越大，碎片飞散的范围越大。
- Gravity：用于设置重力大小。重力越大，碎片降落的速度越快；重力为负值时，碎片将上升。
- Spinning：用于设置碎片的旋转角度。
- Force Center：用于设置破碎效果中心点的位置。
- Direction Randomness：用于控制碎片飞散时方向的随机性大小。
- Speed Randomness：用于控制碎片飞散时速度的随机性大小。
- Grid Spacing：用于设置碎片的大小。
- Object：用于选择生成碎片的形状类型。
- Start Time(sec)：用于控制碎片生成的开始时间。

12.1.7　CC Scatterize

CC Scatterize 特效是将原素材图像分散成粒子形态，从而可以形态重组。应用该特效前后的对比效果如图 12-19 和图 12-20 所示。

CC Scatterize 特效的属性参数如图 12-21 所示。

图 12-19　素材效果

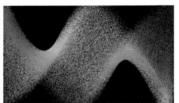

图 12-20　CC Scatterize 效果

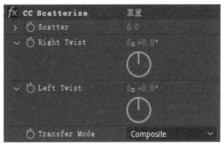

图 12-21　CC Scatterize 属性参数

CC Scatterize 特效中主要参数的作用如下。

- Scatter：用于设置粒子的分散性。
- Right Twist/Left Twist：用于设置向右 / 向左的扭曲程度。
- Transfer Mode：用于选择粒子分散时所依据的模式类型。

12.1.8　CC Rainfall

CC Rainfall 特效可以模拟生成降雨或洒水的水滴降落效果。应用该特效前后的对比效果如图 12-22 和图 12-23 所示。

图 12-22　素材效果

图 12-23　CC Rainfall 效果

CC Rainfall 特效的属性参数如图 12-24 所示。

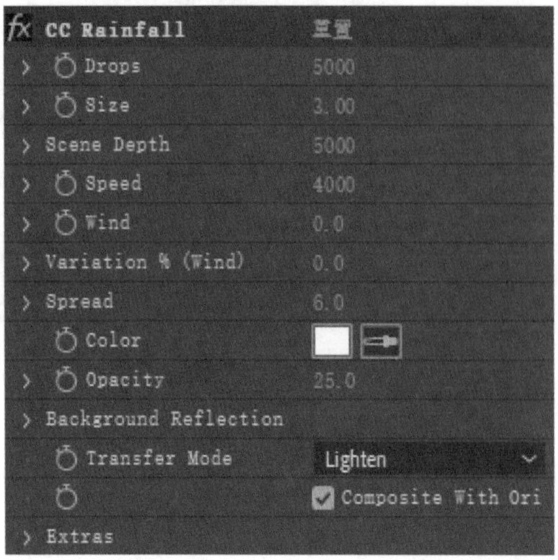

图 12-24　CC Rainfall 属性参数

CC Rainfall 特效中主要参数的作用如下。

🞄 Drops：用于设置水滴的密集程度。

🞄 Size：用于设置水滴的大小。

🞄 Scene Depth：用于设置生成的水滴在画面纵深轴上的移动。

🞄 Wind：用于设置风的大小，同时影响水滴滴落时的倾斜角度。

🞄 Spread：用于设置随机出现的水滴数量。

🞄 Color：用于选择水滴的颜色。

🞄 Opacity：用于设置水滴的不透明度。

🞄 Background Reflection：用于更细节地调整背景画面对效果的影响。

🞄 Transfer Mode：用于选择效果与原素材图像的混合模式。

🞄 Extras：用于设置其他的一些附加属性数值。

练习实例：制作雨景效果	
文件路径	第 12 章 \ 雨景效果
技术掌握	应用 CC Rainfall 特效制作下雨效果

01 新建一个项目，然后将所需素材导入"项目"面板中，如图 12-25 所示。

02 新建一个合成，在"合成设置"对话框中设置"预设"为 NTSC DV，设置"持续时间"为 0:00:10:00，

如图 12-26 所示，单击"确定"按钮。

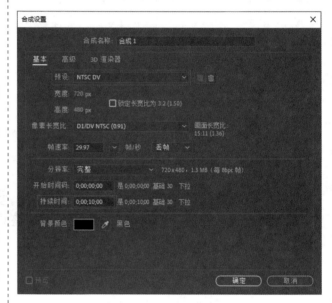

图 12-25　导入素材

图 12-26　设置合成参数

03 将导入的素材添加到图层列表中，如图 12-27 所示，在"合成"面板中预览图像效果，如图 12-28 所示。

图 12-27　添加素材

图 12-28　图像效果

04 打开"效果和预设"面板，展开"颜色校正"特效组，选择"色阶"特效，如图 12-29 所示，将其添加到素材图层中。

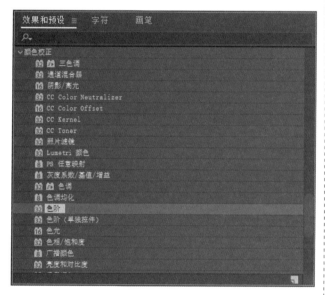

图 12-29　选择特效

05 打开"效果控件"面板，设置"输出白色"的值为 177，如图 12-30 所示，得到的图像效果如图 12-31 所示。

06 将"亮度和对比度"特效添加到素材图层中，然后在"效果控件"面板中设置"亮度"为 -6、"对比度"为 22，如图 12-32 所示，得到的图像效果如图 12-33 所示。

07 在"效果和预设"面板中展开"模拟"特效组，选择 CC Rainfall 特效，如图 12-34 所示，将其添加到素材图层中。

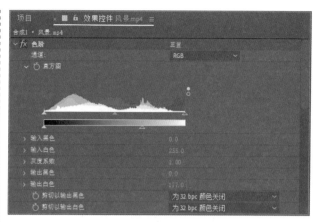

图 12-30　设置"色阶"参数

图 12-31　图像效果

图 12-32　设置"亮度和对比度"参数

图 12-33　图像效果

图 12-34　选择特效

图 12-35　设置 CC Rainfall 参数

08 在"效果控件"面板中分别设置 Size、Speed、Wind 和 Opacity 的值如图 12-35 所示，完成本例的制作。

09 按空格键对影片进行播放，可以在"合成"面板中预览制作的雨景动画效果，如图 12-36 所示。

图 12-36　预览雨景效果

12.1.9　CC Snowfall

CC Snowfall 特效与 CC Rainfall 特效相似，模拟生成雪花降落的效果。应用该特效后的效果如图 12-37 所示，其属性参数如图 12-38 所示。

图 12-37　CC Snowfall 效果

图 12-38　CC Snowfall 属性参数

CC Snowfall 特效与 CC Rainfall 特效的属性参数有许多相同之处，这里只介绍与 CC Rainfall 特效不同的参数，其中主要参数的作用如下。

- ☞ Variation %(Size)：用于设置雪花偏移的随机性。
- ☞ Variation %(Wind)：用于设置雪花受风影响时的随机性。
- ☞ Wiggle：用于设置与雪花随机摆动有关的数值。

12.1.10　CC Star Burst

CC Star Burst 特效是将原素材图像转换成宇宙星空效果，且自动生成在宇宙星空中穿越的动画效果。应用该特效后的效果如图 12-39 和图 12-40 所示。

CC Star Burst 特效的属性参数如图 12-41 所示。

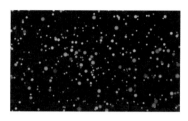

图 12-39　CC Star Burst 效果（一）　　图 12-40　CC Star Burst 效果（二）　　图 12-41　CC Star Burst 属性参数

CC Star Burst 特效中主要参数的作用如下。

- Scatter：用于设置粒子的分散性。
- Speed：用于设置粒子的运动速度。该数值为正值时，粒子向前运动；该数值为负值时，粒子向后运动。
- Phase：用于调整粒子的位置。
- Grid Spacing：用于设置粒子离屏幕画面的远近程度。
- Size：用于设置单个粒子的大小。
- Blend w. Original：用于设置效果图层与原素材图像之间的混合程度。

12.1.11　泡沫

"泡沫"特效可以模拟生成气泡效果，CC Bubbles 特效是将原素材图像转换为气泡，而"泡沫"特效是模拟发射器喷射气泡效果。应用该特效后的效果如图 12-42 和图 12-43 所示。

"泡沫"特效的属性参数如图 12-44 所示。

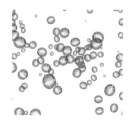

图 12-42　"泡沫"效果（一）　　图 12-43　"泡沫"效果（二）　　图 12-44　"泡沫"属性参数

"泡沫"特效中主要参数的作用如下。

- 视图：用于选择观看生成效果的方式。
- 产生点：用于设置发射器的位置。
- 产生 X 大小 / 产生 Y 大小：用于调整气泡在 X 和 Y 两个方向上的生成量。
- 产生方向：用于设置气泡运动时的方向。
- 缩放产生点：选中该复选框后，发射器将被放大。
- 产生速率：用于设置气泡产生的速率。
- 气泡：用于设置气泡自身的属性。
- 大小：用于调整生成气泡的大小。
- 大小差异：用于设置气泡之间的大小差异。
- 寿命：用于设置气泡持续的时间。
- 气泡增长速度：用于设置气泡由小变大的速度。
- 强度：用于控制气泡产生的数量。
- 物理学：用于设置有关气泡运动效果的相关物理属性。
- 正在渲染：用于设置有关气泡样式的属性。
- 流动映射：用于设置气泡的流动动画效果。

12.1.12 碎片

"碎片"特效将原素材图像转换成三维模式，并生成模拟砖块等多种形状的爆破动画效果。应用该特效后的效果如图 12-45 和图 12-46 所示。

"碎片"特效的属性参数如图 12-47 所示。

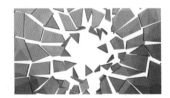

图 12-45　"碎片"效果（一）　　图 12-46　"碎片"效果（二）　　图 12-47　"碎片"属性参数

"碎片"特效中主要参数的作用如下。

- 视图：用于选择观看生成效果的方式。
- 图案：用于选择生成碎片的形状模式。
- 重复：用于设置碎片的密度。

- 方向：用于设置碎片产生的方向。
- 凸出深度：用于设置三维效果的明显程度。
- 作用力 1/ 作用力 2：用于设置爆破点的位置、深度、半径和强度。
- 渐变：可以通过设置相关属性，使碎片的掉落与图像的渐变相结合。
- 物理学：用于设置有关碎片运动效果的相关物理属性。
- 纹理：用于设置碎片样式的属性。
- 摄像机位置：可以通过对摄像机相关属性的设置，创建不同的视角和镜头效果。
- 灯光：用于设置有关灯光的一些属性数值。
- 材质：用于设置有关材质的一些属性数值。

12.1.13 粒子运动场

"粒子运动场"特效通过粒子发射器创建粒子，并通过属性的设置来模拟不同的粒子动画效果。应用该特效后的效果如图 12-48 和图 12-49 所示。

"粒子运动场"特效的属性参数如图 12-50 所示。

图 12-48 "粒子运动场"效果（一）　　图 12-49 "粒子运动场"效果（二）　　图 12-50 "粒子运动场"属性参数

"粒子运动场"特效中主要参数的作用如下。

- 发射：用于设置粒子发射器的一些基本属性。
- 位置：用于设置发射器的位置。
- 圆筒半径：用于调整发射器半径的大小。
- 每秒粒子数：用于设置每秒内粒子发射的数量。
- 方向：用于设置粒子发射时的方向。
- 随机扩散方向：用于设置粒子发散的随机性。
- 速率：用于设置粒子发散的速度。
- 随机扩散速率：用于设置粒子随机发散时的速率。
- 颜色：用于调整生成粒子的颜色。

- 粒子半径：用于设置单个粒子的半径大小。
- 网格：用于设置与网格有关的属性。
- 图层爆炸：用于设置图层爆炸效果的有关属性。
- 粒子爆炸：用于设置粒子爆炸效果的有关属性。
- 图层映射：用于设置新建粒子图层的映射效果。
- 重力：用于设置有关重力的属性，从而影响粒子的运动效果。
- 排斥：用于设置粒子之间的排斥相关属性，从而影响运动效果。
- 墙：用于设置粒子运动的范围。
- 永久属性映射器 / 短暂属性映射器：用于设置效果在持续时间和短暂时间内的映射属性。

12.2 光影特效

光影特效在烘托镜头气氛、丰富画面细节等方面起着非常重要的作用。在 After Effects 中，光影特效存在于"生成"效果组中，本节将介绍在后期制作过程中较为常用的几种光影特效。

12.2.1 CC Light Burst 2.5

CC Light Burst 2.5 特效可以为素材添加光线模糊的效果，使图像生成模拟光线运动模糊的效果。应用该特效前后的对比效果如图 12-51~图 12-53 所示。

图 12-51　素材效果　　　图 12-52　CC Light Burst 2.5 效果（一）　图 12-53　CC Light Burst 2.5 效果（二）

CC Light Burst 2.5 特效的属性参数如图 12-54 所示。

CC Light Burst 2.5 特效中主要参数的作用如下。

- Center：用来设置整体效果中心点的位置。
- Intensity：用来设置整体效果的强度。
- Ray Length：用来设置光线的长度。
- Burst：用来选择光线的类型。这里共有 3 种类型，分别是
  Fade(淡出)、Straight(平滑) 和 Center(中心)。

图 12-54　CC Light Burst 2.5 属性参数

- Halo Alpha：选中此复选框后，将显示原图层 Alpha 通道的光线模糊效果。
- Set Color：选中此复选框后，可以选择某一种颜色来代替原图层的颜色。
- Color：Set Color 复选框被选中后，此选项被激活，用来选择替代原图层的颜色。

12.2.2 CC Light Rays

CC Light Rays 特效可以为素材模拟创建一个点光源的效果。应用该特效前后的对比效果如图 12-55 和图 12-56 所示。

After Effects 2022 影视特效标准教程（微课版）(全彩版)

CC Light Rays 特效的属性参数如图 12-57 所示。

图 12-55　素材效果　　　　　图 12-56　CC Light Rays 效果　　　　图 12-57　CC Light Rays 属性参数

CC Light Rays 特效中主要参数的作用如下。

🌓 Intensity：用来设置光源的强度。

🌓 Center：用来设置光源中心点的位置。

🌓 Radius：用来设置光源的半径大小。

🌓 Warp Softness：用来设置光源的柔和度。

🌓 Shape：用来选择光源的类型。这里共有两种光源，分别是 Round(圆形) 和 Square(正方形)。

🌓 Direction：用来改变 Square 光线的方向。

🌓 Color from Source：选中此复选框后，点光源的颜色来源于原图层。

🌓 Allow Brightening：选中此复选框后，点光源中心点的亮度会增加。

🌓 Color：当 Color from Source 复选框没有被选中时，可以使用该参数来调节点光源的颜色。

🌓 Transfer Mode：用来选择点光源与原图层的叠加模式。这里共有 4 种叠加模式，分别是 None(无)、Add(添加)、Lighten(更亮) 和 Screen(屏幕)。

12.2.3　CC Light Sweep

CC Light Sweep 特效可以为素材模拟创建一个线光源的效果。应用该特效前后的对比效果如图 12-58 和图 12-59 所示。

CC Light Sweep 特效的属性参数如图 12-60 所示。

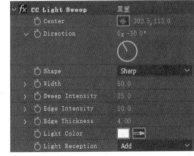

图 12-58　素材效果　　　　　图 12-59　CC Light Sweep 效果　　　　图 12-60　CC Light Sweep 属性参数

CC Light Sweep 特效中主要参数的作用如下。

🌓 Center：用来设置光源中心点的位置。

🌓 Direction：用来改变光线的方向。

🌓 Shape：用来选择光线条纹的类型。这里共有 3 种光线，分别是 Linear(线性)、Smooth(平滑) 和 Sharp(尖锐)。

- Width：用来调节光线的宽度。
- Sweep Intensity：用来设置光线的强度。
- Edge Intensity：用来设置光线边缘的强度。
- Edge Thickness：用来设置光线边缘的厚度。
- Light Reception：用来选择光源与原图层的叠加模式。这里共有 3 种叠加模式，分别是 Add(添加)、Composite(综合) 和 Cutout(抠像)。

12.2.4 镜头光晕

"镜头光晕"特效用来制作光晕效果。应用该特效前后的对比效果如图 12-61 和图 12-62 所示。
"镜头光晕"特效的属性参数如图 12-63 所示。

图 12-61 素材效果

图 12-62 "镜头光晕"效果

图 12-63 "镜头光晕"属性参数

"镜头光晕"特效中主要参数的作用如下。
- 光晕中心：用来设置光晕的中心点位置。
- 光晕亮度：用来设置光晕效果的强度。
- 镜头类型：用来选择不同的镜头类型。这里共有 3 种镜头类型可以选择，分别是"50-300 毫米变焦""35 毫米定焦"和"105 毫米定焦"。
- 与原始图像混合：用来设置光晕效果的不透明度。

12.2.5 光束

"光束"特效用来制作光束效果。应用该特效前后的对比效果如图 12-64 和图 12-65 所示。
"光束"特效的属性参数如图 12-66 所示。

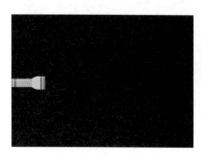

图 12-64 素材效果

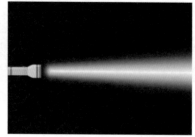

图 12-65 "光束"效果

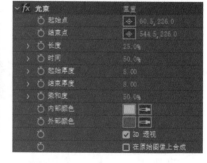

图 12-66 "光束"属性参数

"光束"特效中主要参数的作用如下。
- 起始点：用来设置光束的起始位置。

222

- 结束点：用来设置光束的结束位置。
- 长度：用来设置光束的长短。
- 时间：该参数可以通过设置关键帧来模拟光束发出的动画。
- 起始厚度：用来设置光束起始位置的宽度。
- 结束厚度：用来设置光束结束位置的宽度。
- 柔和度：用来设置光束边缘的羽化程度。
- 内部颜色：用于设置光束中心的颜色。
- 外部颜色：用于设置光束边缘的颜色。
- 3D 透视：选中该复选框后，光束以 3D 效果呈现。
- 在原始图像上合成：选中该复选框后，光束效果将与原图层共同显示。如果取消选中该复选框，将只显示光束效果。

12.2.6　高级闪电

　　"高级闪电"特效用来制作闪电效果。应用该特效前后的对比效果如图 12-67 和图 12-68 所示。
　　"高级闪电"特效的属性参数如图 12-69 所示。

图 12-67　素材效果　　　　　图 12-68　"高级闪电"效果　　　　图 12-69　"高级闪电"属性参数

　　"高级闪电"特效中主要参数的作用如下。
- 闪电类型：可以选择要生成的闪电类型，共有 8 种类型可选。
- 源点：用来设置闪电的起始位置。
- 上下文控制：用来设置闪电的终止位置。
- 传导率状态：用于设置闪电的传导率随机形态。
- 核心设置：用来设置闪电核心的大小、不透明度和颜色。
- 发光设置：用来设置闪电发出光的大小、不透明度和颜色。
- Alpha 障碍：用来设置 Alpha 通道对闪电效果的影响。
- 湍流：用于设置闪电的曲折性。该数值越大，曲折越多。
- 分叉：用于设置闪电效果的分叉多少。该数值越大，分叉越多。
- 衰减：用于设置闪电分叉和末端的衰减程度。该数值越大，衰减越大。
- 主核心衰减：选中该复选框后，主核心将产生衰减。
- 在原始图像上合成：选中该复选框后，闪电效果将与原图层共同显示；如果取消选中该复选框，将只显示闪电效果。
- 专家设置：提供一些能够更细致调整闪电效果的参数。

练习实例：制作闪电效果

文件路径	第 12 章 \ 闪电效果
技术掌握	"高级闪电"特效的应用

01 新建一个项目，然后将所需素材导入"项目"面板中，如图 12-70 所示。

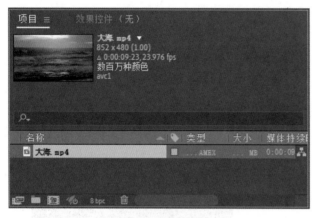

图 12-70　导入素材

02 新建一个合成，在"合成设置"对话框中设置"预设"为 NTSC DV，设置"持续时间"为 0:00:10:00，如图 12-71 所示，单击"确定"按钮。

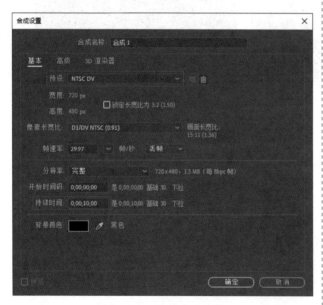

图 12-71　设置合成参数

03 将导入的素材添加到图层列表中，如图 12-72 所示，在"合成"面板中预览的图像效果如图 12-73 所示。

图 12-72　添加素材

图 12-73　图像效果

04 在"效果和预设"面板中展开"生成"特效组，选择"高级闪电"特效，如图 12-74 所示，将其添加到素材图层中。

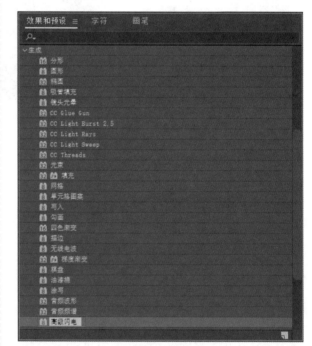

图 12-74　选择特效

05 在"时间轴"面板的图层列表中展开"高级闪电"效果属性，分别设置"闪电类型""源点""方向""传导率状态"参数，并开启"主核心衰减"和"在原始图像上合成"选项，如图 12-75 所示。

图 12-75　设置"高级闪电"参数

06 将时间指示器移至第 2 秒的位置，开启"核心半径"和"衰减"动画功能，在此时间位置为这两个选项各添加一个关键帧，并设置"核心半径"的值为 2、"衰减"的值为 7，如图 12-76 所示。

图 12-77　设置"核心半径"和"衰减"参数 (二)

图 12-76　设置"核心半径"和"衰减"参数 (一)

07 将时间指示器移至第 2 秒 20 帧的位置，设置"核心半径"的值为 5、"衰减"的值为 0.42，同时为这两个选项各添加一个关键帧，如图 12-77 所示。

08 将时间指示器移至第 3 秒的位置，为"核心半径"和"衰减"选项各添加一个关键帧，并保持其属性值不变，如图 12-78 所示。

图 12-78　添加"核心半径"和"衰减"关键帧

09 将时间指示器移至第 4 秒的位置，设置"核心半径"的值为 2、"衰减"的值为 7，同时为这两个选项各添加一个关键帧，如图 12-79 所示，完成本例的制作。

图 12-79　设置"核心半径"和"衰减"参数 (三)

10 按空格键对影片进行播放，可以在"合成"面板中预览制作的闪电动画效果，如图 12-80 所示。

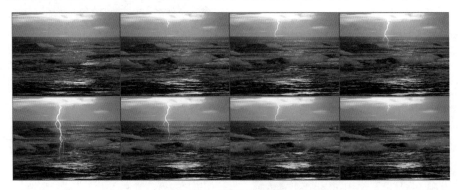

图 12-80　预览闪电效果

12.3　本章小结

　　本章主要讲解了 After Effects 的粒子与光影特效的应用。通过本章的学习，读者可以使用粒子特效快速模拟各种自然效果，如下雨、下雪等自然景象，以及水滴、泡沫和宇宙星空等奇幻效果；使用光影特效可以制作各种绚丽多彩的光影效果，如镜头光晕、光束、高级闪电等。

12.4　思考和练习

　　1.粒子特效存在于哪类效果组中，这类特效的主要作用是什么？
　　2.光影特效存在于哪类效果组中，这类特效的主要作用是什么？
　　3.使用什么特效可以模拟生成降雨或洒水的水滴降落效果？
　　4.使用什么特效可以模拟生成雪花降落效果？
　　5.新建一个项目与一个合成，然后导入素材，练习应用本章讲解的仿真粒子特效。
　　6.新建一个项目与一个合成，然后导入素材，练习应用本章讲解的光影特效。

第13章 视频抠像与跟踪

    在影视广告制作中，通常会利用抠像技术将蓝屏或绿屏背景影像与其他影像进行合成处理，制作全新的场景效果；另外，利用跟踪技术可以获得影像中某些效果点的运动信息（如位移、旋转、缩放等），将其传送到另一层的效果点中，从而实现另一层的运动与该层追踪点的运动相一致。本章将学习 After Effects 中视频抠像与跟踪技术的应用。

本章学习目标

掌握抠像特效的应用　　　　　　　　　　　熟悉遮罩特效的作用
掌握 keylight（1.2）的应用　　　　　　　　掌握运动跟踪和运动稳定技术

13.1 抠像特效

抠像特效在 After Effects 中主要用于去除素材的背景。将主场景以外的背景通过这类特效转换为透明状态，从而可以与其他背景相融合。

在菜单中选择"效果"|"抠像"命令，在弹出的子菜单中将显示所有的抠像特效，如图 13-1 所示；或者在"效果和预设"面板中展开"抠像"选项组，在其中也可以选择需要的抠像特效，如图 13-2 所示。

图 13-1　抠像类特效　　　　　　　　图 13-2　展开"抠像"选项组

13.1.1　内部 / 外部键

"内部 / 外部键"特效的主要作用是利用蒙版对素材抠像后，用来调整抠像后的素材边缘。应用该特效前后的对比效果如图 13-3 和图 13-4 所示。

图 13-3　利用蒙版进行抠图　　　　　　图 13-4　内部 / 外部键效果

"内部/外部键"特效的属性参数如图 13-5 所示。

"内部/外部键"特效中主要参数的作用如下。

- 前景 (内部)：用于选择作为前景的蒙版层。
- 背景 (外部)：用于选择作为背景的蒙版层。
- 单个蒙版高光半径：用于调整蒙版区域的高光范围。
- 清理前景：对前景设置另外的清理蒙版。
- 清理背景：对背景设置另外的清理蒙版。
- 薄化边缘：用于设置蒙版边缘的薄厚程度。
- 羽化边缘：用于调节蒙版边缘的羽化程度。
- 边缘阈值：用于整体调整蒙版的区域。

图 13-5　"内部 / 外部键"属性参数

After Effects 2022 影视特效标准教程（微课版）（全彩版）

228

- 反转提取：选中该复选框可以反转蒙版。
- 与原始图像混合：用于设置蒙版层与原始素材的混合程度。

13.1.2 差值遮罩

"差值遮罩"特效可以将两个图层的颜色进行筛选，选出相同颜色的区域并对特效层进行抠像，制作出两个图层相融合的效果。应用该特效进行抠像的前后对比效果如图 13-6~图 13-8 所示。

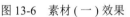

图 13-6　素材（一）效果　　　　图 13-7　素材（二）效果　　　图 13-8　"差值遮罩"抠像效果

"差值遮罩"特效的属性参数如图 13-9 所示。

图 13-9　"差值遮罩"属性参数

"差值遮罩"特效中各参数的作用如下。
- 视图：用于选择不同的视图模式。
- 差值图层：用于选择与添加特效图层进行颜色对比的图层。
- 如果图层大小不同：用于设置当两个图层大小不同时的对齐方式。
- 匹配容差：用于设置被抠除部位的范围大小。
- 匹配柔和度：用于调整被抠除部位的柔和程度。
- 差值前模糊：用于调节图像的模糊值。

13.1.3 提取

"提取"特效主要用于对明暗对比度特别强烈的素材进行抠像，通过特效数值的调整来抠除素材的亮部或者暗部。应用该特效进行抠像的前后对比效果如图 13-10~图 13-12 所示。

图 13-10　素材（一）效果　　　　图 13-11　素材（二）效果　　　图 13-12　"提取"抠像效果

"提取"特效的属性参数如图 13-13 所示。

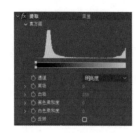

图 13-13　　"提取"属性参数

"提取"特效中各参数的作用如下。

- 直方图：用于显示和调整素材本身的明暗分布情况。
- 通道：用于设置素材被抠像的色彩通道依据。可以选择"明亮度""红色""绿色""蓝色"和"Alpha"。
- 黑场：用于设置被抠除的暗部的范围。
- 白场：用于设置被抠除的亮部的范围。
- 黑色柔和度：用于调节暗部区域的柔和度。
- 白色柔和度：用于调节亮部区域的柔和度。
- 反转：选中该复选框，可以反转蒙版范围。

13.1.4　线性颜色键

"线性颜色键"特效主要通过 RGB、色调、色度等信息来对素材进行抠像，多用于蓝屏或绿屏抠像。应用该特效进行抠像的前后对比效果如图 13-14~图 13-16 所示。

图 13-14　素材（一）效果　　图 13-15　素材（二）效果　　图 13-16　"线性颜色键"抠像效果

"线性颜色键"特效的属性参数如图 13-17 所示。

图 13-17　　"线性颜色键"属性参数

"线性颜色键"特效中各参数的作用如下。

- 预览：用于显示素材视图和抠像后的视图。吸管工具用来选取素材中需要被抠除的颜色。带加号的吸管工具用来补充选取需要被抠除的颜色。带减号的吸管工具用来排除不需要被抠除的颜色。
- 视图：用于选择视图查看的模式。
- 主色：用于设置需要被抠除的颜色。
- 匹配颜色：用于设置抠除时所依据的色彩模式。
- 匹配容差：用于调节抠除区域与留下区域的容差值。
- 匹配柔和度：用于调节抠除区域与留下区域的柔和度。
- 主要操作：用于设置抠除的颜色是被删除还是保留原色。

13.1.5　颜色范围

"颜色范围"特效主要用于对颜色对比强烈的素材进行抠像，通过特效数值的调整来抠除素材的某种颜色以及相近颜色。应用该特效进行抠像的前后对比效果如图 13-18~ 图 13-20 所示。

图 13-18　素材（一）效果　　　　图 13-19　素材（二）效果　　　图 13-20　"颜色范围"抠像效果

"颜色范围"特效的属性参数如图 13-21 所示。

图 13-21　"颜色范围"属性参数

"颜色范围"特效中各参数的作用如下。

- 预览：用于显示被抠除的区域。黑色部分就是被抠除的部分，旁边的吸管按钮与"线性颜色键"属性面板中的 3 个吸管按钮的用途相同。
- 模糊：用于设置被抠除区域的模糊度。
- 色彩空间：用于选择素材颜色的模式。可选择的模式有"Lab""YUV"和"RGB"。
- 最小值 (L、Y、R)/(a、U、G)/(b、V、B)：用于设置 (L、Y、R)/(a、U、G)/(b、V、B) 色彩控制的最小值。
- 最大值 (L、Y、R)/(a、U、G)/(b、V、B)：用于设置 (L、Y、R)/(a、U、G)/(b、V、B) 色彩控制的最大值。

● 13.1.6　颜色差值键

"颜色差值键"特效通过颜色的差别来实现多色抠像效果。该特效将素材分为 A 被抠除的主要颜色区域，B 被抠除的第二个颜色区域，两个区域相叠加得到最终的 Alpha 透明区域。应用该特效进行抠像的前后对比效果如图 13-22~ 图 13-24 所示。

图 13-22　素材（一）效果　　　　图 13-23　素材（二）效果　　　图 13-24　"颜色差值键"抠像效果

"颜色差值键"特效的属性参数如图 13-25 所示。

"颜色差值键"特效中各参数的作用如下。

- 预览：用于显示素材视图、A 区域视图、B 区域视图和最终透明区域视图。
- 视图：用于选择视图查看的模式。
- 主色：用于设置需要被抠除的颜色。
- 颜色匹配准确度：用于设置颜色匹配的方式，

可选择"更好"或"更快"。

- 黑色区域的 A 部分：用于调整黑色区域 A 部分的不透明度水平。
- 白色区域的 A 部分：用于调整白色区域 A 部分的不透明度水平。
- A 部分的灰度系数：用于控制 A 部分的不透明度值遵循线性增长的严密程度。当该值为 1(默认值）时，则增长呈线性；为其他值时，可产生非线性增长，以供特殊调整或视觉效果使用。

图 13-25　"颜色差值键"属性参数

- 黑色区域外的 A 部分：用于调整黑色区域外 A 部分的不透明度水平。
- 白色区域外的 A 部分：用于调整白色区域外 A 部分的不透明度水平。
- 黑色的部分 B：用于调整黑色 B 部分的不透明度水平。
- 白色区域中的 B 部分：用于调整白色区域中 B 部分的不透明度水平。
- B 部分的灰度系数：用于控制 B 部分的不透明度值遵循线性增长的严密程度。
- 黑色区域外的 B 部分：用于调整黑色区域外 B 部分的不透明度水平。
- 白色区域外的 B 部分：用于调整白色区域外 B 部分的不透明度水平。
- 黑色遮罩 / 白色遮罩 / 遮罩灰度系数：分别设置黑色遮罩 / 白色遮罩 / 遮罩灰度系数的值。

练习实例：制作天幕效果	
文件路径	第 13 章 \ 天幕效果
技术掌握	"颜色差值键"特效的应用，进行图像抠像的方法

01 新建一个项目，然后将所需素材导入"项目"面板中，如图 13-26 所示。

图 13-26　导入素材

02 新建一个合成，在"合成设置"对话框中设置"预设"为 HDV/ HDTV 720 25，设置"持续时间"为 0:00:10:00，如图 13-27 所示，单击"确定"按钮。

图 13-27　设置合成参数

03 将导入的视频和图片素材添加到"时间轴"面板的图层列表中，并将图片图层放置在视频图层的上方，如图 13-28 所示。

图 13-28　将素材添加到图层列表中

04 展开图片素材的属性选项组，设置图片素材的"缩放"值为 75%，如图 13-29 所示，在"合成"面板中预览图像，效果如图 13-30 所示。

图 13-29 设置"缩放"值

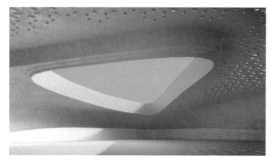

图 13-30 图像效果

05 在"效果和预设"面板中选择"抠像"特效组中的"颜色差值键"特效，如图 13-31 所示，将该特效添加到图层 1 的图片素材上。

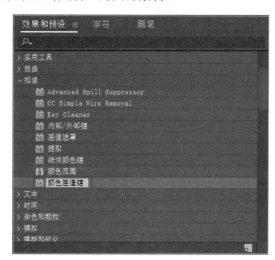

图 13-31 选择"颜色差值键"特效

06 在"效果控件"面板中单击"颜色差值键"特效属性组中的吸管工具![icon]，如图 13-32 所示，然后在"合成"面板中单击绿色区域选取抠像颜色，如图 13-33 所示。

07 在"效果控件"面板中设置"白色区域的 A 部分"的值为 50，保持其他选项不变，如图 13-34 所示。

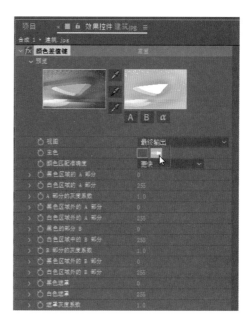

图 13-32 单击吸管工具

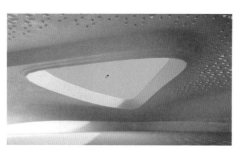

图 13-33 选取抠像颜色

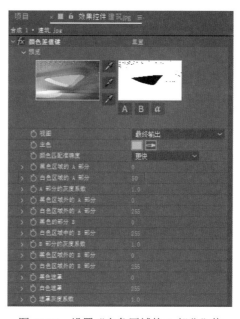

图 13-34 设置"白色区域的 A 部分"值

08 在"合成"面板中预览影片效果，可以看到建筑添加了"颜色差值键"特效后，绿色部分被抠除，显示了蓝天白云效果，如图 13-35 所示。

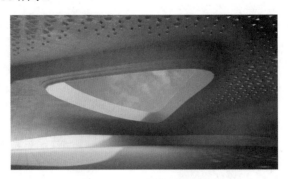

图 13-35　最终效果

13.1.7　Advanced Spill Suppressor

Advanced Spill Suppressor(即"高级溢出抑制器")特效不是单独的抠像特效，而是一种抠像辅助特效，主要作用于被抠像的素材。Advanced Spill Suppressor 特效主要用来对抠完像的素材边缘部分的颜色进行二次调整。Advanced Spill Suppressor 特效的属性参数如图 13-36 所示。

图 13-36　"高级溢出抑制器"属性参数

13.1.8　Key Cleaner

与 Advanced Spill Suppressor 特效一样，Key Cleaner(即"抠像清除器")特效不是单独的抠像特效，也是一种抠像辅助特效。"抠像清除器"特效主要用来对素材进行二次抠像。Key Cleaner 特效的属性参数如图 13-37 所示。

图 13-37　"抠像清除器"属性参数

13.1.9　CC Simple Wire Removal

CC Simple Wire Removal(即"用线擦除")特效通过参数 Point A(点 A) 和 Point B(点 B) 确定一条线，再通过这条线对素材进行抠像操作。应用该特效进行抠像的前后对比效果如图 13-38 和图 13-39 所示。

图 13-38　素材效果

图 13-39　"用线擦除"抠像效果

CC Simple Wire Removal 特效的属性参数如图
13-40 所示。

图 13-40　"用线擦除"属性参数

 知识点滴：

在影视编辑中，使用 CC Simple Wire Removal
特效确定威亚的两个端点后，可以轻易地将威亚
擦除。设置 Thickness 参数，可以调整抠像线条的
粗细。

13.2　Keylight（1.2）

Keylight 是一款工业级别的蓝幕或绿幕键控器。核心算法由 Computer Film 公司开发，并由 The
Foundry 公司进一步开发移植到 After Effects 中。Keylight 在制作专业品质的抠像效果方面表现出色，尤
其擅长处理半透明区域、毛发等细微抠像工作，并能精确地控制残留在前景上的蓝幕或绿幕的反光。

选择素材图层后，执行"效果" | Keying | Keylight (1.2) 命令，即可为素材添加该效果。在"效果控件"
面板中可以显示该效果的参数，如图 13-41 所示。

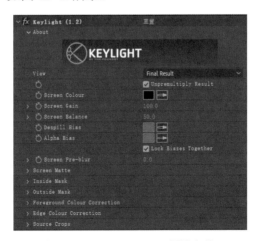

图 13-41　Keylight (1.2) 属性参数

Keylight (1.2) 特效的属性参数比较多，下面介绍其中重要的一些参数。

1. View（视图）

该属性设置图像在合成窗口中的显示方式。

2. Unpremultiply Result（非预乘结果）

选中该复选框，将设置图像为不带 Alpha 通道显示效果，反之为带 Alpha 通道显示效果。

3. Screen Colour（屏幕颜色）

该属性用于设置需要抠除的颜色，可以单击该选项右侧的颜色图标，在打开的 Screen Colour（屏幕颜色）对话框中选择需要抠除的颜色（如图 13-42 所示），也可以使用吸管工具在原图像中直接选取需要抠除的颜色。

图 13-42 Screen Colour（屏幕颜色）对话框

4. Screen Gain（屏幕增益）

该属性用于设置屏幕抠除效果的强弱程度。该数值越大，抠除程度越强。

5. Screen Balance（屏幕均衡）

该属性用于设置抠除颜色的平衡程度。该数值越大，平衡效果越明显。

6. Despill Bias（反溢出偏差）

该属性可恢复过多抠除区域的颜色。

7. Alpha Bias（Alpha 偏差）

该属性可恢复过多抠除 Alpha 部分的颜色。

8. Lock Biases Together（同时锁定偏差）

选中该复选框，在抠除图像时，可以设定偏差值。

9. Screen Pre-blur（屏幕预模糊）

该属性用于设置抠除部分边缘的模糊效果。该数值越大，模糊效果越明显。

10. Screen Matte（屏幕蒙版）

Screen Matte（屏幕蒙版）属性组用于设置抠除区域影像的属性参数，如图 13-43 所示。

图 13-43 Screen Matte（屏幕蒙版）属性组

Screen Matte（屏幕蒙版）属性组常用属性的含义如下。

- Clip Black/Clip White（修剪黑色/修剪白色）：用于除去抠像区域的黑色/白色。
- Clip Rollback（修剪回滚）：用于恢复修剪部分的影像。
- Screen Shrink/Grow（屏幕收缩/扩展）：用于设置抠像区域影像的收缩或扩展参数。减小数值为收缩该区域影像，增大数值为扩展该区域影像。
- Screen Softness（屏幕柔化）：用于柔化抠像区域影像。该数值越大，柔化效果越明显。
- Screen Despot Black/White（屏幕独占黑色/白色）：用于显示图像中的黑色/白色区域。该数值越大，显示效果越突出。
- Replace Method（替换方式）：用于设置屏幕蒙版的替换方式，共有 4 种模式。
- Replace Colour（替换色）：用于设置蒙版的替换颜色。

11. Inside Mask（内侧遮罩）

Inside Mask（内侧遮罩）属性组主要用于为图像添加并设置抠像内侧的遮罩属性，如图 13-44 所示。

图 13-44　Inside Mask(内侧遮罩) 属性组

Inside Mask(内侧遮罩) 属性组常用属性的含义如下。

- Inside Mask：内侧遮罩。
- Inside Mask Softness：内侧遮罩柔化。
- Invert：反转。
- Replace Method：替换方式。
- Replace Colour：替换色。
- Source Alpha：源 Alpha。

12. Outside Mask(外侧遮罩)

Outside Mask(外侧遮罩) 属性组与内侧遮罩属性组较为类似，主要用于为图像添加并设置抠像外侧的遮罩属性，如图 13-45 所示。

图 13-45　Outside Mask(外侧遮罩) 属性组

13. Foreground Colour Correction (前色校正)

Foreground Colour Correction (前色校正) 属性组主要用于设置蒙版影像的色彩属性，如图 13-46 所示。

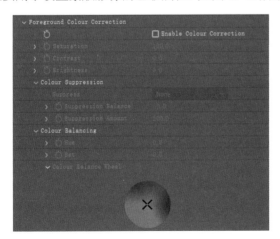

图 13-46　Foreground Colour Correction (前色校正) 属性组

Foreground Colour Correction (前色校正) 常用属性的含义如下。

- Enable Colour Correction(启用颜色校正)：选中该复选框，可以对蒙版影像进行颜色校正。
- Saturation(饱和度)：用于设置抠像影像的色彩饱和度。该数值越大，饱和度越高。
- Contrast(对比度)：用于设置抠像影像的对比程度。
- Brightness(亮度)：用于设置抠像影像的明暗程度。
- Colour Suppression(颜色抑制)：通过设定抑制类型抑制某一颜色的色彩平衡和数量。
- Colour Balancing(颜色平衡)：可通过 Hue 和 Sat 两个属性控制蒙版的色彩平衡效果。

14. Edge Colour Correction(边缘色校正)

Edge Colour Correction(边缘色校正) 属性参数与 "前色校正" 属性参数基本类似，主要对抠像边缘进行设置，如图 13-47 所示。

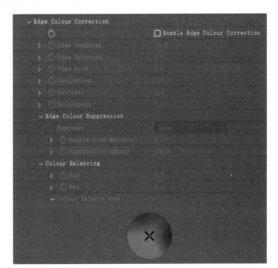

图 13-47　Edge Colour Correction(边缘色校正) 属性组

Edge Colour Correction(边缘色校正) 属性组常用属性的含义如下。

- Enable Edge Colour Correction：选中该复选框后，可以对蒙版影像进行边缘色校正。
- Edge Hardness(边缘锐化)：用于设置抠像蒙版边缘的锐化程度。
- Edge Softness(边缘柔化)：用于设置抠像蒙版边缘的柔化程度。

⬤ Edge Grow(边缘扩展)：用于设置抠像蒙版边
缘的大小。

15. Source Crops(源裁剪)

Source Crops(源裁剪) 属性组主要用于设置裁
剪影像的属性类型，如图 13-48 所示。

图 13-48　Source Crops(源裁剪) 属性组

Source Crops(源裁剪) 属性组常用属性的含义
如下。

⬤ X/Y Method(X/Y 方式)：用于设置 X/Y 轴向的
裁剪方式，包括颜色、重复、包围、映射 4 种模式。
⬤ Edge Colour (边缘色)：用于设置裁剪边缘的
颜色。
⬤ Edge Colour Alpha (边缘色 Alpha 通道)：用于
设置裁剪边缘的 Alpha 通道颜色。
⬤ Left/Right/Top/Bottom (左 / 右 / 上 / 底)：用于
设置裁剪边缘的尺寸。

练习实例：更换人物背景	
文件路径	第 13 章 \ 更换人物背景
技术掌握	Keylight (1.2) 特效的应用和图像精细抠像的方法

01 新建一个项目，然后将所需素材导入"项目"
面板中，如图 13-49 所示。

图 13-49　导入素材

02 新建一个合成，在"合成设置"对话框中设置"预
设"为 NTSC DV，如图 13-50 所示，单击"确定"按钮。

图 13-50　新建合成

03 将导入的视频和图片素材添加到"时间轴"面
板的图层列表中，并将人物图层放置在上方，如
图 13-51 所示，在"合成"面板中预览图像，效果
如图 13-52 所示。

图 13-51　将素材添加到图层列表中

图 13-52　图像效果

04 在"效果和预设"面板中选择 Keying 特效组中
的 Keylight (1.2) 特效，如图 13-53 所示，将该特效
添加到图层 1 的人物图层上。

05 在"效果控件"面板中展开 Keylight (1.2) 属性组，
然后单击 Screen Colour 选项右侧的吸管工具 ▣▣，
如图 13-54 所示。

After Effects 2022 影视特效标准教程（微课版）（全彩版）

图 13-53　选择 Keylight (1.2) 特效

图 13-54　单击吸管工具

06 使用吸管工具在"合成"面板中单击蓝色区域选取抠像颜色，如图 13-55 所示，抠像效果如图 13-56 所示。

图 13-55　选取抠像颜色

07 在"效果控件"面板中设置 View(视图) 类型为 Screen Matte(屏幕蒙版)，如图 13-57 所示，在"合成"面板中的显示效果如图 13-58 所示。

图 13-56　抠像效果

图 13-57　设置 View(视图) 类型

图 13-58　屏幕蒙版效果

08 在"效果控件"面板中展开 Screen Matte(屏幕蒙版) 属性组，然后适当调整 Clip Black(修剪黑色) 和 Clip White(修剪白色) 参数，如图 13-59 所示。

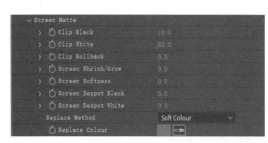

图 13-59　调整 Clip Black 和 Clip White 参数

09 在"效果控件"面板中设置 View(视图) 类型为 Intermediate Result(中间结果)，如图 13-60 所示。

图 13-60　设置 View(视图) 类型

10 在图层列表中隐藏下方的背景图层，在"合成"面板中的显示效果如图 13-61 所示。

图 13-61　隐藏下方图层

11 在"效果控件"面板中适当调整 Screen Shrink/Grow(屏幕收缩 / 扩展) 和 Screen Softness(屏幕柔和

度) 参数，缩小并柔化人物边缘的轮廓，如图 13-62 所示，效果如图 13-63 所示。

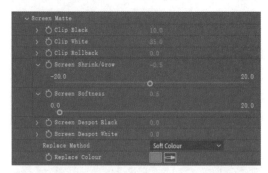

图 13-62　调整 Screen Shrink/Grow 和 Screen Softness 参数

图 13-63　调整人物边缘的轮廓

12 在图层列表中显示下方的背景图层，完成本例的制作，效果如图 13-64 所示。

图 13-64　最终效果

13.3　遮罩特效

遮罩特效是一种辅助特效，该类特效常与抠像特效结合使用，主要是在抠像特效完成后，对被抠像的素材进行辅助调整。它具有修整边缘，填补漏洞等效果。

在菜单中选择"效果"|"遮罩"命令，在弹出的子菜单中将显示所有的遮罩特效，如图13-65所示。下面介绍各种遮罩特效。

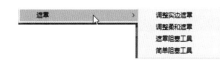

图 13-65　遮罩类特效

13.3.1　调整实边遮罩

"调整实边遮罩"特效主要用于修整由于抠像造成的杂点、边缘锯齿，图像某个部分的缺失等，它主要针对动态素材进行抠像。该特效多用于规则图形的抠像，其属性参数如图13-66所示。

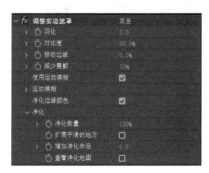

图 13-66　"调整实边遮罩"属性参数

"调整实边遮罩"特效中各参数的作用如下。

- 羽化：用于设置边缘和漏洞处的羽化值。
- 对比度：用于设置边缘和漏洞处的对比度。
- 移动边缘：用于调整边缘的位置，使之扩展或者收缩。
- 减少震颤：用于设置边缘的震颤程度。
- 使用运动模糊：选中该复选框后，可以使抠像边缘产生运动模糊。
- 运动模糊：用于调整抠像边缘运动模糊的效果。
- 净化边缘颜色：选中该复选框后，可以启用"净化"参数。
- 净化：对抠像边缘进行调整，包括净化数量、扩展平滑的地方、增加净化半径和查看净化地图等。

13.3.2　调整柔和遮罩

与"调整实边遮罩"特效一样，"调整柔和遮罩"特效主要用于修整由于抠像造成的杂点、边缘锯齿，图像某个部分的缺失等。该特效多用于不规则图形的抠像，其属性参数如图13-67所示。

图 13-67　"调整柔和遮罩"属性参数

"调整柔和遮罩"特效中主要参数的作用如下。

- 计算边缘细节：选中该复选框后，可以查看和调整不规则图形的边缘。
- 其他边缘半径：用于设置遮罩边缘的半径大小。
- 查看边缘区域：选中该复选框后，可以较清楚地查看遮罩边缘区域。
- 平滑：用于设置抠像层的边缘和漏洞处的平滑度。
- 羽化：用于设置边缘和漏洞处的羽化值。
- 对比度：用于设置边缘和漏洞处的对比度。
- 移动边缘：用于调整边缘的位置，使之扩展或者收缩。
- 震颤减少：用于选择使震颤减少的类型。

13.3.3　简单阻塞工具

"简单阻塞工具"特效主要用于修整抠像后的边缘，应用该特效前后的对比效果如图 13-68 和图 13-69 所示。

图 13-68　原抠像效果

图 13-69　修整抠像后的边缘效果

"简单阻塞工具"特效的属性参数如图 13-70 所示。

图 13-70　"简单阻塞工具"属性参数

"简单阻塞工具"特效中各参数的作用如下。

- 视图：用于选择查看抠像区域的模式。
- 阻塞遮罩：用于设置抠像区域的溢出程度。

13.3.4　遮罩阻塞工具

"遮罩阻塞工具"特效主要用于修整抠像后的效果，应用该特效后的效果如图 13-71 所示。该特效比"简单阻塞工具"特效多了一些控制参数，如图 13-72 所示。

图 13-71　修整抠像后的效果

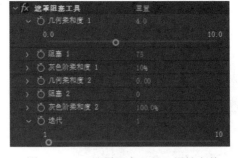

图 13-72　"遮罩阻塞工具"属性参数

"遮罩阻塞工具"特效中各参数的作用如下。

- 几何柔和度 1/ 几何柔和度 2：用于设置抠像区域边缘的柔和度。
- 阻塞 1/ 阻塞 2：用于设置抠像区域的溢出程度。
- 灰色阶柔和度 1/ 灰色阶柔和度 2：用于设置边缘的羽化程度。
- 迭代：用于设置特效被应用的次数。

13.4 运动跟踪和运动稳定技术

运动跟踪和运动稳定技术在影视后期处理中被广泛应用，通常用于对画面中的一部分进行替换和跟随处理，或是将晃动的视频变得平稳。

13.4.1 运动跟踪与稳定的定义

运动跟踪是根据对指定区域进行运动的跟踪分析，并自动创建关键帧，将跟踪结果应用到其他层或效果上，从而制作出动画效果，比如让一团烟雾跟随运动的人物。运动跟踪可以追踪运动过程中比较复杂的路径，如加速和减速以及变化复杂的曲线等。

运动稳定是通过 After Effects 对前期拍摄的影片素材进行画面稳定处理，用于消除前期拍摄过程中出现的画面抖动问题，使画面变得平稳。

对影片进行运动追踪时，合成图像中至少要有两个图层，一个作为追踪层，另一个作为被追踪层，二者缺一不可。

13.4.2 跟踪器

运动跟踪也被称为点跟踪，可以跟踪一个点或多个点区域，从而得到跟踪区域位移数据。点跟踪包括一点跟踪和四点跟踪两种方式。跟踪器由两个方框和一个交叉点组成，交叉点即为追踪点，是运动追踪的中心；内层的方框是特征区域，可以精确追踪目标物体的特征，记录目标物体的亮度、色相和饱和度等信息，在后面的合成中匹配该信息来起作用；外层的方框是搜索区域，其作用是追踪下一帧的区域。

在创建跟踪与稳定时，可以在"跟踪器"面板中进行相关设置。选中一个图层，执行"动画"|"跟踪运动"命令，即可弹出"跟踪器"面板，在该面板中可设置跟踪器的相关参数。

 知识点滴:

搜索区域的大小与追踪对象的运动速度有关，追踪对象运动速度过快，搜索区域可以适当放大。

1. 一点跟踪

选择需要跟踪的图层，执行"动画"|"跟踪运动"命令，打开"跟踪器"面板，如图 13-73 所示。

选择目标对象，在"合成"面板中调整跟踪点和跟踪框，如图 13-74 所示。

图 13-73 "跟踪器"面板

图 13-74 调整跟踪点和跟踪框

在"跟踪器"面板中单击"向前分析"按钮 ，系统会自动创建关键帧，如图 13-75 所示。

图 13-75　自动创建关键帧

 知识点滴：

由于跟踪分析需要较长的时间，因此搜索区域和特征区域设置得越大，跟踪分析所需时间就会越长。

2. 四点跟踪

四点跟踪是指跟踪四个点，四个点可以组成一个面，常用于制作显示器的跟踪特效。选择需要跟踪的图层，执行"动画"|"跟踪运动"命令，在弹出的"跟踪器"面板中单击"跟踪运动"按钮，并设置"跟踪类型"为"透视边角定位"，如图 13-76 所示。在"合成"面板中调整四个跟踪点的位置，如图 13-77 所示，然后单击"跟踪器"面板中的"向前分析"按钮即可预览跟踪效果。

图 13-76　"跟踪器"面板

图 13-77　调整跟踪点和跟踪框

 知识点滴：

由于视频中的对象在移动时，会伴随灯光、周围环境以及对象角度的变化，可能使原本明显的特征不能被识别，因此，重新调整特征区域和搜索区域，改变跟踪选项，以及再次重试是创建完美跟踪的关键。

练习实例：	马赛克跟踪动画
文件路径	第 13 章 \ 马赛克跟踪动画
技术掌握	跟踪动画的制作

01 新建一个项目，然后将所需影片素材导入"项目"面板中，如图 13-78 所示。

图 13-78　导入素材

02 新建一个合成，在"合成设置"对话框中设置"预设"为 HDTV 1080 25，如图 13-79 所示，单击"确定"按钮。

03 将导入的影片素材添加到图层列表中，如图 13-80 所示。

04 在"工具"面板中选择椭圆工具 ，在"合成"面板中绘制一个椭圆形状，并在图层列表中通过调整椭圆形状图层的锚点坐标，使其锚点位于椭圆的中心位置，如图 13-81 和图 13-82 所示。

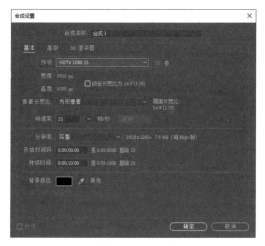

图 13-79　设置合成参数

图 13-80　添加素材到图层列表中

图 13-81　调整形状图层的锚点坐标

图 13-82　将锚点调至椭圆的中心位置

知识点滴：

在绘制椭圆形状时，不要选中图层列表中的任何图层，否则绘制的椭圆将成为对应图层中的蒙版。

05 在"合成"面板中适当调整椭圆的位置，使其正好覆盖住人物的面部，如图 13-83 所示。

图 13-83　调整椭圆的位置

06 在"效果和预设"面板中展开"风格化"特效组，选择"马赛克"特效，如图 13-84 所示，将该特效添加到形状图层中。

图 13-84　选择特效

07 在"效果控件"面板中设置马赛克的"水平块"和"垂直块"参数 (如图 13-85 所示)，得到的马赛克效果如图 13-86 所示。

图 13-85　调整特效参数

图 13-86　马赛克效果

08 在图层列表中选择人物所在的"运动"图层，然后选择"动画"|"跟踪运动"菜单命令，如图 13-87 所示。

图 13-87　选择"跟踪运动"命令

09 将所创建跟踪器的跟踪点和跟踪框移到人物面部，如图 13-88 所示。

图 13-88　移动跟踪点和跟踪框

10 在"跟踪器"面板中单击"向前分析"按钮 ▶，如图 13-89 所示，切换到"运动"图层窗口，系统会自动创建跟踪关键帧，如图 13-90 所示。

图 13-89　单击"向前分析"按钮

图 13-90　自动创建跟踪关键帧

11 在"跟踪器"面板中单击"编辑目标"按钮，如图 13-91 所示，在打开的"运动目标"对话框中选择"1. 形状图层 1"作为应用于运动的图层，如图 13-92 所示。

图 13-91 单击"编辑目标"按钮

图 13-92 选择应用于运动的图层

12 在"跟踪器"面板中单击"应用"按钮,如图 13-93 所示,在打开的"动态跟踪器应用选项"对话框中设置"应用维度"选项为"X 和 Y",如图 13-94 所示。

图 13-93 单击"应用"按钮

图 13-94 设置"应用维度"选项

13 在"合成"面板中切换到"合成 1"窗口中,然后按空格键,可以预览制作完成的马赛克跟踪动画效果,如图 13-95 所示。

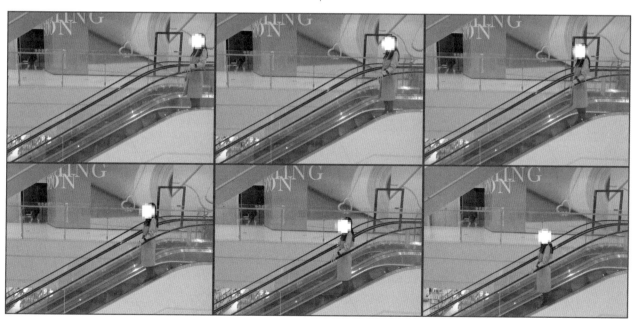

图 13-95 马赛克跟踪动画

13.5　本章小结

　　本章主要讲解了 After Effects 视频抠像与跟踪技术。首先讲解了进行视频抠像所运用的特效和 keylight（1.2），接下来讲述了遮罩特效的作用，最后讲解了运动跟踪和运动稳定技术的相关知识与应用。通过本章的学习，读者可以利用抠像技术将背景影像与其他影像合成处理为全新的场景，以及利用跟踪技术将影像中某些效果点的运动信息传送到另一层的效果点中，从而实现另一层的运动与该层追踪点的运动相一致。

13.6　思考和练习

　　1. 要对明暗对比度特别强烈的素材进行抠像，通过特效数值的调整来抠除素材的亮部或者暗部，应使用什么特效更为适合？

　　2. 通过 RGB、色调、色度等信息来对素材进行抠像，应使用什么特效更为适合？

　　3. 对颜色对比强烈的素材进行抠图，通过特效数值的调整来抠除素材的某种颜色以及相近颜色，应使用什么特效更为适合？

　　4. keylight（1.2）特效有什么特点？

　　5. 遮罩特效的作用是什么？

　　6. 如何创建一点跟踪与四点跟踪？

　　7. 选取一张晴天的风景图，为其添加乌云密布的效果。

　　8. 选取一段视频，为某个对象添加马赛克跟踪动画。

第14章 添加与编辑音频

在影视作品中，音频的编辑是不可缺少的一部分。适当的背景音乐可以给人们带来喜悦或神秘的感觉。本章将介绍音频编辑的相关知识，包括音频的基础知识、音频素材的添加与编辑方法。

本章学习目标

了解音频基础知识   掌握编辑音频素材的方法
掌握音频素材的添加方法   掌握"音频"面板的应用方法

14.1 音频基础知识

在 After Effects 中进行音频编辑之前，需要对声音及描述声音的术语有所了解，这有助于了解正在使用的声音类型是什么，以及声音的品质如何。

14.1.1 音频采样

在数字声音中，数字波形的频率由采样率决定。许多摄像机使用 32kHz 的采样率录制声音，每秒录制 32 000 个样本。采样率越高，声音可以再现的频率范围也就越广。要再现特定频率，通常应该使用双倍于频率的采样率对声音进行采样。因此，要再现人们可以听到的 20 000kHz 的最高频率，所需的采样率至少是每秒 40 000 个样本 (CD 是以 44 100Hz 的采样率进行录音的)。

将音频素材导入"项目"面板中后，会显示声音的采样率和声音位等相关参数，图 14-1 所示的音频是 44 100Hz 采样率和 16 位声音位的立体声音频。

图 14-1 音频的相关参数

14.1.2 声音位

在数字化声音时，由数千个数字表示振幅或波形的高度和深度。在这期间，需要对声音进行采样，以数字方式重新创建一系列的 1 和 0。

高品质的数字录音使用的位就会很多。CD 品质的立体声最少使用 16 位 (较早的多媒体软件有时使用 8 位的声音速率，这会提供音质较差的声音，但生成的数字声音文件更小)。因此，可以将 CD 品质声音的样本数字化为一系列 16 位的 1 和 0(如 1011011011101010)。

14.1.3 比特率

比特率是指每秒传送的比特数，单位为 bps(bit per second)，也可表示为 b/s。声音中的比特率是指将模拟声音信号转换成数字声音信号后，单位时间内的二进制数据量，是间接衡量音频质量的一个指标。

声音中的比特率 (码率) 原理与视频中的相同，都是指由模拟信号转换为数字信号后，单位时间内的二进制数据量。声音的比特率类似于图像分辨率，高比特率生成更流畅的声波，就像高图像分辨率能生成更平滑的图像一样。因此，比特率越高，单位时间传送的数据量 (位数) 越大，音视频的质量就越好，但编码后的文件就越大；如果比特率越低，则情况刚好相反。

14.1.4 声音文件的大小

声音的位深越大，采样率就越高，而声音文件也会越大。因为声音文件可能会较大，因此估算声音文件的大小很重要。声音文件的大小可以通过位深乘以采样率来估算。因此，采样率为 44 100Hz 的 16 位单

声道音轨 (16-bit′ 44100)1 秒钟可以生成 705 600 位 (每秒 88200 字节)，每分钟就是 5MB 多，而立体声素材的大小是此大小的两倍。

14.2　添加音频

为影片添加音频，首先需要将音频素材导入项目中，如图 14-2 所示，然后将导入的音频素材添加到图层列表中进行编辑即可，如图 14-3 所示。

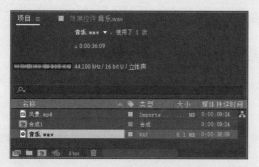

图 14-2　导入音频素材

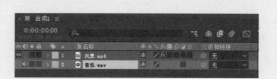

图 14-3　添加音频

14.3　编辑音频

在影片中添加音频素材后，通常还需要对其进行编辑。在 After Effects 中，可以控制音频开关和音频音量。

14.3.1　控制音频开关

将音频素材添加到图层列表中后，可以看到音频图层中音频开关处于打开状态，单击该按钮，如图 14-4 所示，可以关闭音频，音频开关图标将变为■，如图 14-5 所示。

图 14-4　单击音频开关按钮

图 14-5　关闭音频

14.3.2　控制音频音量

展开音频图层，将显示"音频"属性，其中包括"音频电平"和"波形"两个属性，调整"音频电平"参数，可以控制音频的音量；在"波形"选项一栏中可以直观地显示音频的变化，如图 14-6 所示。

图 14-6　展开音频属性

知识点滴：

　　大部分视频素材也会包括音频轨道，所以视频素材同样具有音频属性，展开其音频属性，音频设置方法与纯音频素材的设置方法相同。

练习实例：制作淡入淡出声音效果	
文件路径	第 14 章 \
技术掌握	通过设置"音频电平"关键帧，制作淡入淡出声音效果

01 新建一个项目，然后将所需素材导入"项目"面板中，如图 14-7 所示。

02 新建一个合成，在"合成设置"对话框中设置"预设"为 NTSC DV，设置"持续时间"为 0:00:12:00，如图 14-8 所示，单击"确定"按钮。

图 14-7　导入素材

图 14-8　设置合成参数

03 将导入的素材添加到图层列表中，将音频素材图层放在视频素材图层的下方，如图 14-9 所示。

04 展开音频素材图层的"音频"选项组，在第 0 秒的位置为"音频电平"选项添加一个关键帧，并设置其值为 -60，如图 14-10 所示。

图 14-9　添加素材

图 14-10　设置"音频电平"关键帧（一）

05 将时间指示器移到第 2 秒的位置，为"音频电平"选项添加一个关键帧，并设置其值为 0，如图 14-11 所示。

06 将时间指示器移到第 10 秒的位置，为"音频电平"选项添加一个关键帧，并保持其值不变，如图 14-12 所示。

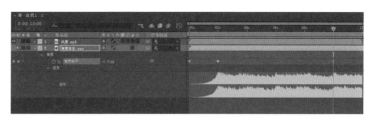

图 14-11　设置"音频电平"关键帧 (二)　　　　　　　图 14-12　设置"音频电平"关键帧 (三)

07 将时间指示器移到第 12 秒的位置，为"音频电平"选项添加一个关键帧，并设置其值为 -60，如图 14-13 所示，完成声音淡入淡出的制作。

08 按空格键对影片进行播放，可以试听制作的声音淡入淡出效果。

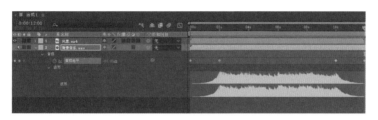

图 14-13　设置"音频电平"关键帧 (四)

14.4　应用"音频"面板

　　通过"音频"面板也可以调节声音的大小，还可以直观地查看音量是否处于安全区域。选择"窗口"|"音频"菜单命令，可以打开"音频"面板，如图 14-14 所示。

图 14-14　"音频"面板

　　"音频"面板中的三个滑块用于调节声音的大小。中间滑块用于调节整个音频的音量；左侧的滑块用于调节左声道音量；右侧的滑块用于调节右声道音量。

　　在播放音频时，"音频"面板左侧将显示声音的音量在绿色、黄色、红色间波动的状态，绿色表示声音大小在安全范围内；黄色表示声音大小在警告范围；红色表示声音太大且超出了安全范围。

14.5　本章小结

　　本章主要讲解了在视频中添加与编辑音频的方法，首先介绍了音频的基础知识，然后讲解了音频素材的添加与编辑方法，最后讲解了"音频"面板的应用。通过本章的学习，读者可以了解音频的相关知识，并掌握音频的添加与编辑方法。通过音频的添加与编辑操作，可以使原本单一的视频变得更加富有渲染色彩，给观看者带来更多的喜悦或神秘感。

14.6   思考和练习

1. 声音的位深与采样率和声音文件有什么关系？

2. 音频采样是指什么？

3. 导入一段音频素材，练习对该音频素材的音量进行编辑。

4. 导入一段音频素材，练习使用"音频"面板对该音频素材的音量进行调节。

5. 导入一段音频素材，练习制作声音的淡入淡出效果。

第15章 渲染与输出

渲染输出是使用 After Effects 制作影视作品的最后一步。After Effects 的工程文件的扩展名为 .aep，该文件仅可在 After Effects 软件中进行观看和编辑，并不适用于其他媒体平台。要想将 After Effects 中编辑好的作品转换为通用的媒体格式，就需要通过渲染输出操作来完成。本章将学习关于渲染输出的一些基本操作方法，其中包含渲染输出有关面板

15.1 输出文件

After Effects 可以将工程项目输出为多种形式的文件类型，选择"文件"|"导出"菜单命令，在子菜单中可以选择输出项目的类型，如图 15-1 所示。

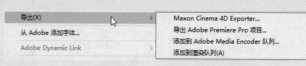

图 15-1 导出子菜单

15.1.1 执行渲染操作

在"时间轴"面板中选择要输出的合成对象，然后选择"文件"|"导出"|"添加到渲染队列"菜单命令，或选择"合成"|"添加到渲染队列"菜单命令，可以打开"渲染队列"面板，该面板是对最终视频的渲染输出进行设置的地方，如图 15-2 所示。

图 15-2 "渲染队列"面板

知识点滴：

在"渲染队列"面板中可以看到整个合成图像的渲染进程，用户可以调整各个合成图像的渲染顺序，并对影片的输出格式、输出路径进行设置等，后面将介绍如何进行这些设置。

15.1.2 输出其他类型文件

After Effect 不仅可以对项目进行渲染操作，还可以将项目转换为其他类型的文件格式，方便软件之间的无缝衔接。例如，选择"导出 Adobe Premiere Pro 项目"命令，可以将 After Effects 的工程文件转换为 Adobe Premiere Pro 所能识别和编辑的文件 (其扩展名为 .prproj)。

15.2 渲染输出

渲染输出用于将在 After Effects 中编辑好的作品转换为通用的媒体格式。在执行渲染的操作过程中，用户可以根据需要进行相应的设置。

15.2.1 渲染设置

在"渲染队列"面板中单击"渲染设置"选项后面的"最佳设置"选项，如图 15-3 所示，可以打开"渲染设置"对话框进行渲染设置，如图 15-4 所示。

图 15-3 单击"最佳设置"选项

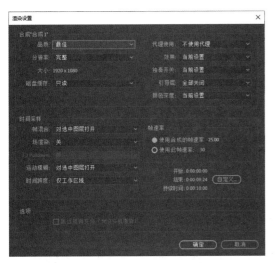

图 15-4 "渲染设置"对话框

"渲染设置"对话框中主要参数的作用如下。

1. 合成

"合成"选项组中的参数用于设置图像渲染输出的参数。

🍀 品质：对渲染影片的质量进行设置。

🍀 分辨率：对渲染影片的分辨率进行设置。

🍀 大小：对渲染影片的大小进行设置。

🍀 磁盘缓存：对渲染的磁盘缓存进行设置。

🍀 代理使用：对渲染时是否使用代理进行选择。

🍀 效果：对渲染时是否渲染效果进行选择。

🍀 独奏开关：对是否渲染独奏层进行选择。

🍀 引导层：对是否渲染引导层进行选择。

🍀 颜色深度：对渲染时项目中的颜色深度进行设置。

2. 时间采样

"时间采样"选项组中各参数的作用如下。

🍀 帧混合：对渲染的项目中所有图层相互间的帧混合进行设置。

🍀 场渲染：对渲染的场的模式进行设置。

🍀 运动模糊：对渲染的运动模糊的方式进行设置。

🍀 时间跨度：对渲染项目的时间范围进行设置。

🍀 帧速率：对渲染项目的帧速率进行设置。

3. 选项

选中"跳过现有文件(允许多机渲染)"复选框，表示当渲染时，在出现磁盘溢出的情况下继续完成渲染。

15.2.2　输出模块设置

在"渲染队列"面板中单击"输出模块"选项后面的"高品质"选项，如图 15-5 所示，可以打开"输出模块设置"对话框进行输出模块的设置，如图 15-6 所示。

图 15-5　单击"高品质"选项

"输出模块设置"对话框中主要参数的作用如下。

🍀 格式：主要用来选择渲染输出的文件格式。用户可根据对文件设置的需求，选择不同的输出文件格式。

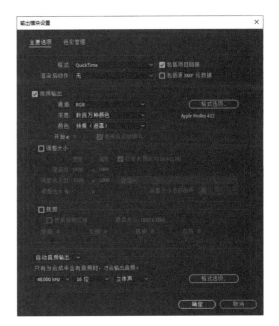

图 15-6　"输出模块设置"对话框

- 通道：用来对视频渲染输出的通道设置渲染，用户对文件设置和使用的程序不一样，则输出的通道也会不同。
- 深度：用来对视频渲染输出的颜色深度进行调节。
- 颜色：根据用户需求，设置 Alpha 通道的类型。
- 调整大小：根据需求，用户可以在"调整大小"中对视频文件格式的大小做出选择，也可以在自定义方式中选择文件格式。
- 裁剪：主要用来裁切在视频渲染输出时的边缘像素。
- 自动音频输出：用来选择音频输出的频率、量化比特率和声道。

 知识点滴：

在"渲染队列"面板中选择要输出的合成，然后执行"合成"|"添加输出模块"菜单命令，或者在"渲染队列"面板中单击"输出模块"选项后面的➕按钮，可以添加一个输出模块，对新的模块重新设置后，便可以一次渲染出多个不同格式的文件，如图 15-7 所示。

图 15-7 添加输出模块

15.2.3 输出路径设置

当完成渲染设置与输出模块设置后，可在"渲染队列"面板中单击"输出到"选项后面的文件名称，如图 15-8 所示，在打开的"将影片输出到"对话框中可以对输出的存储路径进行设置，如图 15-9 所示。

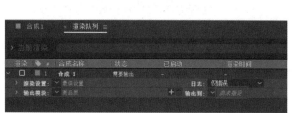

图 15-8 单击"输出到"选项后面的文件名称

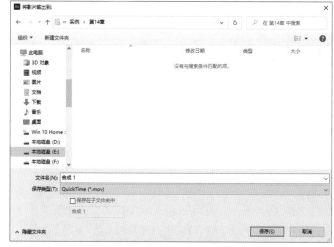

图 15-9 设置输出路径

15.2.4 渲染合成

在设置好渲染的各个选项后，在"渲染队列"面板中单击"渲染"按钮，如图 15-10 所示，便可以将项目以指定的格式渲染输出到指定的位置。

在渲染过程中，系统将显示渲染的进程，如果要中断渲染操作，可以单击"停止"按钮，或单击"暂停"按钮暂停渲染，如图 15-11 所示。

图 15-10　单击"渲染"按钮

图 15-11　显示渲染进程

15.3　设置输出格式

在 After Effects 中不仅可以将合成影像渲染输出为
视频文件，还可以将其输出为序列图片和纯音频文件。
在"输出模块设置"对话框中单击"格式"下拉列表，
用户可以根据需要选择输出的格式，如图 15-12 所示。

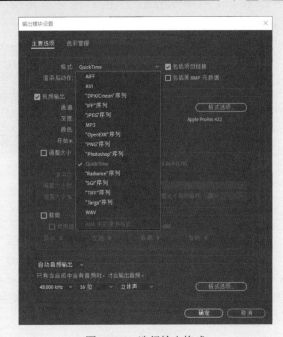

图 15-12　选择输出格式

15.3.1　输出视频格式

在"输出模块设置"对话框中单击"格式"下拉列表，
选择 AVI 或 QuickTime 选项 (如图 15-13 所示)，可以将
编辑好的项目导出为 AVI 格式或 MOV 格式的视频文件，
用户在计算机中直接双击这些格式的视频对象便可以进行
播放。

图 15-13　选择视频格式

在输出视频文件时，选定输出格式后还可以选择相应的解码器。例如，在输出 MOV 格式视频时，输出格式选择"QuickTime"，然后单击"视频输出"选项组中的"格式选项"按钮，如图 15-14 所示，打开"QuickTime 选项"对话框，展开"视频编解码器"下拉列表，可以显示所支持的编码格式，用户可以根据需要进行选择，如图 15-15 所示。

在"视频输出"选项组中还可以根据需要进行输出通道的选择，包括 RGB(彩色通道)、Alpha(透明通道) 或 RGB+Alpha (彩色 + 透明通道)，如图 15-16 所示。

图 15-14　单击"格式选项"按钮

知识点滴：

H.264 是常用的编码格式，但是 After Effects 从 CC 2019 版开始便去除了该格式，如果想输出此编码格式的视频，可以安装 Adobe Media Encoder 软件，该软件中有更多的视频格式可供选择。

图 15-15　选择视频编解码器

图 15-16　选择输出通道

15.3.2　输出序列格式

在格式下拉列表中选择序列文件格式 (如图 15-17 所示)，可以将编辑好的作品输出为序列文件格式。

图 15-17　选择序列文件格式

知识点滴：

　　由于输出序列文件时，会生成一帧一帧的图像，而有多少帧图像也就有多少单帧文件，因此在输出序列文件时，存储的序列文件要单独放在一个文件夹中，图 15-18 所示是输出 JPEG 序列图片的效果。

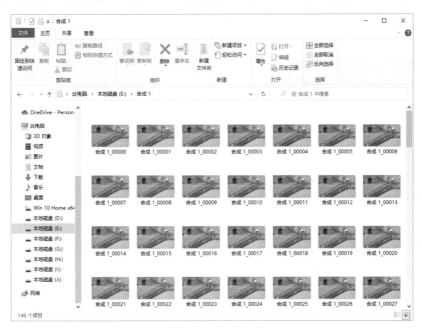

图 15-18　输出序列文件的效果

　　在输出序列图片文件时，还可以设置图片的品质。例如，在输出 JPEG 序列图片时，输出格式选择"'JPEG'序列"，然后单击"视频输出"选项组中的"格式选项"按钮，如图 15-19 所示，打开"JPEG选项"对话框，用户可以根据需要设置图片的品质，如图 15-20 所示。

图 15-19　单击"格式选项"按钮　　　　图 15-20　设置图片品质

15.3.3　输出音频格式

　　在 After Effects 中，除了可以将编辑好的项目输出为视频文件和序列文件外，也可以将项目文件输出为纯音频文件。After Effects 可以输出的音频文件格式包括 WAV、MP3 和 AIFF 格式，如图 15-21 所示。

在输出音频文件时，还可以设置音频的品质。例如，在输出 MP3 格式音频时，输出格式选择"MP3"，然后单击"打开音频输出"选项组中的"格式选项"按钮，如图 15-22 所示，打开"MP3 选项"对话框，展开"音频比特率"下拉列表，可以显示所支持的音频比特率，用户可以根据需要进行选择，如图 15-23 所示。

图 15-22　单击"格式选项"按钮

图 15-21　选择音频格式

图 15-23　选择音频比特率

15.4　本章小结

本章主要讲解了 After Effects 项目的渲染与输出方法，首先介绍了输出项目的操作与可输出的文件类型，然后讲解了对项目进行渲染输出的具体设置。通过本章的学习，读者可以通过渲染设置，将 After Effects 中编辑好的作品转换为通用的媒体格式，还可以将编辑好的作品输出为 Maxon Cinema 4D Exporter、Adobe Premiere Pro 和 Adobe Media Encoder 等文件类型，以便使用相应软件对其进行编辑。

15.5　思考和练习

1. 在 After Effects 中可以将项目输出为哪些类型的文件？
2. 在渲染输出 After Effects 项目时，可以进行哪些参数设置？
3. 在 After Effects 中可以输出哪些视频格式？
4. 在 After Effects 中可以输出哪些序列格式？
5. 在 After Effects 中可以输出哪些音频格式？